NV XING JIU HU BAO DIAN

# 女性救护宝典

地震来了!

江西教育出版社

图书在版编目（CIP）数据

地震来了！／贺鹏飞主编．—南昌：江西教育出版社，2009.12
（传奇翰墨．女性救护宝典）
ISBN 978-7-5392-5527-9

Ⅰ．地… Ⅱ．贺… Ⅲ．地震灾害－急救－普及读物
Ⅳ．R459.7-49

中国版本图书馆 CIP 数据核字（2009）第 228006 号

**书名：地震来了！**
DI ZHEN LAI LE!

| | |
|---|---|
| 出 品 人 | 傅伟中 |
| 责任编辑 | 洪晓梅 |
| 装帧设计 | 灵动视线 |
| 出 版 | 江西教育出版社 |
| 发 行 | 江西教育出版社 |
| 社 址 | 南昌市抚河北路 291 号 |
| 邮 编 | 330008 |
| 开 本 | 700×1000 1/16 |
| 印 张 | 13 |
| 字 数 | 160 千字 |
| 版 次 | 2010 年 2 月第 1 版 2010 年 2 月第 1 次印刷 |
| 印 刷 | 北京凯达印务有限公司 |
| 书 号 | ISBN 978-7-5392-5527-9 |
| 定 价 | 24.80 元 |

## 目录

序　言 / 1

1. 地震来了 / 2
   （发生6.7级的地震，被活埋在废墟里，你该如何应对？）
   附：你知道吗——遭遇大地震，如何降低伤害？ / 15

2. 龙卷风突袭 / 16
   （外出购物被龙卷风卷入高空，你该如何应对？）

3. 肆虐洪水 / 29
   （突降大雨，汽车被卷入洪水中，你该如何应对？）
   附：你知道吗——如何正确搭救落入冰窟的人？ / 41

4. 海上遇难 / 42
   （游泳的时候，被激流卷入水下，你该如何应对？）

5. 森林大火 / 55
   （身陷火海，孤立无援，你该如何应对？）
   附：你知道吗——如何正确处理烧伤？ / 68

6. 汽车起火 / 69
   （汽车电池突然爆炸，身受重伤，你该如何应对？）

7. 闪电击人 / 82
   （湖边度假，孩子突然被闪电击中，你该如何应对？）
   附：你知道吗——如何减少被电流击中的危险？ / 97

8. 暴雨袭击 / 98
   （被暴风雨掀入水中，湖水冰凉刺骨，你该如何应对？）

9. 疯狂暴雪 / 112
   （遭遇百年暴雪，孤立无援，你该如何应对？）
   附：你知道吗——如何保护胎儿在车中不受伤害？ / 127

10. 溪谷骨折 / 128
    （徒步旅行，失足掉入岩石中间，你该如何应对？）

11. 电压袭人 / 142
    （河边度假，7000伏电流从身上流过，你该如何应对？）
    附：你知道吗——什么措施可以避免孩子遭受电流袭击？ / 155

12. 高山雪崩 / 156
    （突发雪崩，被埋在了几十米下的雪中，生命垂危，你该如何应对？）

13. 过敏反应 / 172
    （孩子参加派对，饮食不当发生严重过敏引发休克，你该如何应对？）
    附：你知道吗——如何治疗毒藤带来的皮肤过敏？ / 183

14. 惊魂蹦极 / 186
    （高空蹦极，绳索套住脖颈，生命岌岌可危，你该如何应对？）
    附："你知道吗"完全解答 / 200

# 序 言

生命中没有预演，一切发生的事情都不可逆转。当你面对生活中的突发事件，如暴力抢劫、野外迷路、跟踪偷拍、意外受伤或者是洪水地震等情形时，你该如何应对？

《传奇·女性救护宝典》丛书取材于美国 Lifetime Television（美国第一家女性24小时有线电视频道，在美国有线电视网收视排名中，黄金时间和全天收视率位列前十名，18岁以上女性的收视率稳居第一）中"What should you do?"（《如何应对？》）栏目的经典案例。该节目通过讲述生活中真实发生的危险故事，总结应对这些危险的措施办法，因此赢得了很高的收视率和社会美誉度，被称为"女性自我保护教科书"、"女性救护宝典"。

你不可能把电视带在身上进行阅读，因此"传奇翰墨编委会"提取"What should you do?"的精华内容，从面对凶犯、自然灾害、野外生存和医疗救护等4个角度推出了《不要和陌生人搭讪！》《地震来了！》《你跑得过蜜蜂吗？》《别把铅笔拔出来！》4本救护宝典。

这本书所讲述的故事也许一辈子也不会发生在你的身上，但是，仅仅微乎其微的危险概率不幸降临到一个人的身上时，她面对的就是灭顶之灾；这本书中所讲述的应对技巧也许你一辈子都不会使用，但是只要使用一次，则会挽救一个人的生命！

谨作为奉献给女性的礼物。

## 地震来了

> **引言**
> 凌晨，发生了一次6.7级的地震。你居住的三层楼的公寓突然整体倒塌。你被活埋在里面，对周围的情况毫不清楚，你该如何应对？

自然灾难，比如地震，总是发生得很突然。如果事先你并不知道地震来临，也不要惊慌失措，而放弃生存的希望和念想。美国洛杉矶的史蒂夫·兰顿就经历了一场毫无预兆的可怕地震。他所居住的公寓在地震中受损最为严重，他被埋在震后成吨的废墟中数小时，生死未卜……

### ▶▶▶ 震 前

"那是星期一的早晨，也不知道为什么，我怎么也睡不着。"史蒂夫·兰顿回忆起地震前的情形。

史蒂夫住在诺斯布里奇一栋三层公寓楼的第一层。他一直在这里生活，虽已人到中年，还是单身一人。

星期一，和平时没有什么不同。周围很寂静，人们还在熟睡中。这天他不知道什么原因，竟然早上4：30就醒了，他想也许是还沉浸在昨天观看洛杉矶棒球队比赛的兴奋中，怎么也睡不着。那是一场精彩漂亮的比赛，双方势均力敌，最终洛杉矶

▼地震前史蒂夫·兰顿所住的三层公寓楼

队以较小的比分差距险胜对手。

他就这样躺在床上，没有一点睡意，过了一个半小时，打算起床。站起来，抓了件放在床边的T恤，想去厨房煮点咖啡喝。这时，一切东西都摇晃起来。

当时的他，并不知道洛杉矶即将发生一起可怕的灾难——一场6.7级的地震。更可怕的是，他所住的小楼，正处于震中。

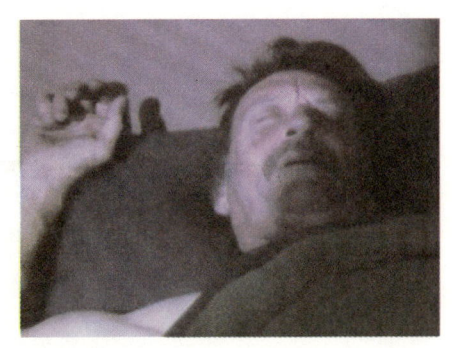

### ▶▶▶ 地 震

"我马上意识到——地震了。门窗在晃动，墙在晃动，我的电脑显示器落在地板上，电视机也翻倒在地。"灾难开始了。

此时，史蒂夫感到了前所未有的恐惧。他扶着床，如果情况进一步恶化，就打算走到门口去。其实，这并不是一个正确的逃难方式。当然史蒂夫也没有机会把他的想法付诸行动，因为地面摇晃得非常厉害，人几乎都站立不稳。所有的物品都离开了它们原来的位置，东撞西倒，乱成了一团。外面传来了大人的尖叫声和孩子们的哭声。当时他最恐惧的是有什么东西落到头上。这时，史蒂夫被桌子撞到了墙角。当他推开桌子，准备站起来时，头顶上的天花板塌了下来。周围暗了下来，静了下来。

他似乎被塌下来的天花板砸到了。

▼4点30分的时候，史蒂夫·兰顿辗转反侧地醒来

头晕目眩了几秒钟，也不知道是什么东西压在头上，什么东西这么重？他试着挪动它，想把头从下面伸出来，但是它纹丝不动。其实，压在他身上的又岂止是天花板。这场破坏性极强的6.7级地震，持续了15秒钟。史蒂夫居住的小楼已经完全倒塌，成了一片废墟。钢筋、水泥和室内的物品，把住在一层的他掩埋了。

唯一幸运的是，倒塌下来的钢筋混凝土并没有把史蒂夫卡得严严实实，他的手脚还有一点活动的空间。这也许得感谢那张撞他的桌子，使他在墙角躲过了更大的砸压。

"救命啊！救命啊！"史蒂夫在努力地寻求着帮助，但是没有任何的回应。狭小的空间，房屋倒塌的灰尘，加上压在他头顶的废墟，让他感觉到呼吸困难。

周围一片漆黑，他只能用双手摸索着，试图弄清楚当时的处境。慌乱中，他摸到了一部电话，期望这个会帮他找来救兵。遗憾的是，电话线已经断了，这部电话对他毫无意义。

他又试图摸索着找自己的手机，一样没有成功，史蒂夫心中多了一些失望，心想也许就这样和外界失去了联系。

胡乱摸索了一段时间，还是一无所获。而他的手被碎玻璃划破了，血顺着冰凉的手指滴了下来，似乎还能听到落地的声音。此时的史蒂夫才感觉

▲地震后塌陷的房屋

▼地震来袭，左右摇晃的史蒂夫·兰顿，被柜子压倒

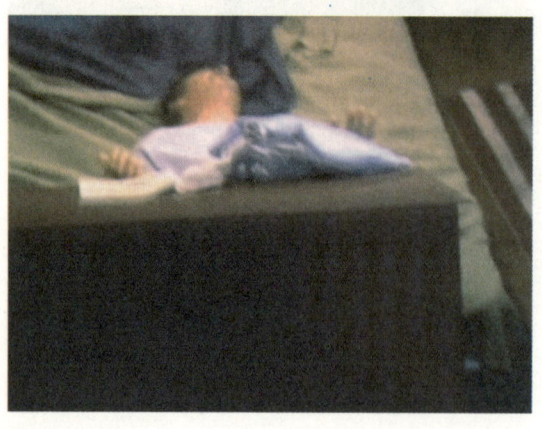

到疼痛。刚才急切的寻找求生工具，让他忘记了身体的痛楚。现在，他才感觉到脖子和腰部钻心的痛，痛的让人窒息。

### ▶▶▶ 余 震

"突然，整幢公寓楼又晃动起来。压在我身上的东西似乎越来越沉了。"余震袭来，史蒂夫的处境更加艰难，周围可以活动的空间在一点点缩小，压力却在一点点增加。

▲史蒂夫·兰顿被屋顶上掉下的天花板压得不能动弹

地震时，通常在主震发生后，还会发生一系列的余震，但余震的威力比主震小。地处震中的史蒂夫，在破坏最为严重的建筑中，被压在三层楼的废墟中，即使是再小的余震，也可能对他身体和心理产生巨大的伤害。

值得欣慰的是，史蒂夫还没有产生绝望的念头。他知道自己必须面对现实，已经被卡住了，孤立无援，必须要人来救。史蒂夫在心中默默地祈祷着，希望上帝听到他的声音，把他从痛苦中解救出去。

他坚信，救援人员一定会发现他，把他救出去。

此时，史蒂夫不知道，这幢大楼的二层和三层像蛋糕一样叠在了一层上，他的房间距离地面不到0.46米。如果再来一次余震，他必死无疑。

祈祷，史蒂夫一刻不停地在祈祷。倒塌的墙体长久压迫着他，再加上很久没有补充食物，他已经没有力气呼喊，唯一能做的也只有祈祷了。

外面传来许多人的尖叫声、哭声,还有消防车和警车来来往往的声音。"是不是每个人都像我一样被困住了?"史蒂夫脑中闪过这个想法。让他疑惑的是,没有人在他们的楼前停下来,没有人来解救他们,好像他们根本就不存在。这是为什么呢?他不明白。

就这样在痛苦中等待着。史蒂夫感到意识模糊起来,"不要睡着,不要睡着,很快就会有人来救我了",他不停地告诫自己,不停地祈祷。

余震还在一波波袭来。漆黑的周围似乎只剩下了他自己的喘息。

### ▶▶▶ 绝 望

"一开始,还能听到许多人在大叫、哭喊、尖叫,过了一段时间,很多声音都停止了。"史蒂夫的意识也越来越模糊。

周围还有重物倒塌落地的声音,但已经没有了先前的摇晃。史蒂夫感到他的头和肩膀被压得更紧了,似乎已经达到了身体的极限。本来狭小的空间变得更加局促。那种剧痛让人难以忍受,他不知道他还能坚持多久。

"救命啊!救命啊!"史蒂夫似乎使出了最后一点力气,但没有人听见他的呼喊。

时间一分一秒地过去了,还是没有看见救

▼史蒂夫·兰顿被压得更紧了,痛苦不堪

援人员的踪影。头脑中的信念一点点消退，加上身体上的剧痛，史蒂夫开始绝望了。"我最害怕的是没有人来找我，任由我在这儿等死。"

"我不能就这样死去！我不想死！"史蒂夫喃喃自语，不断重复着这句话。

他强迫自己多想一些开心的事情。他想到了丽娜，那个金头发、蓝眼睛的漂亮姑娘，还有她害羞时候的微笑。虽然史蒂夫已人到中年，但还是单身一人，恋爱时的场景总是那么甜美，让人难以忘怀。他还想再约丽娜出去看场电影，喝杯咖啡。他想到了妈妈，给他做香甜的苹果派，还有他最喜欢的曲奇。

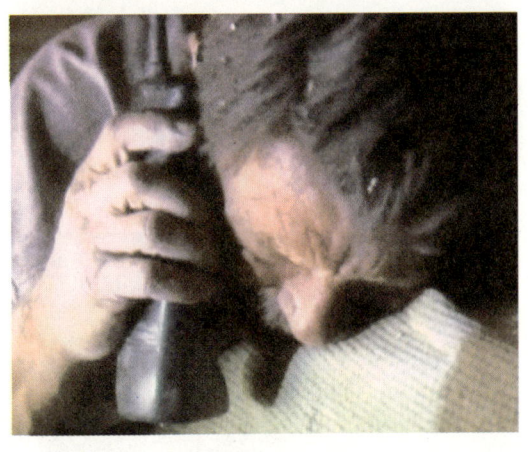

▲地震后，从中间坍塌掉的高速公路

▼史蒂夫·兰顿从地板上，摸索出电话求救

"我不能死，我要活下去！"史蒂夫坚持着。因为他还有很多没有完成的心愿，还有很多没有来得及倾诉的话。

不知又过了多长时间，好像是一天，又像是漫长的几天几夜。巨大的疼痛还在折磨着他，他受不了了。"难道我就这样死了吗？"史蒂夫更加绝望。死神在一步步逼近，他已经嗅到了死神的气息。

"先睡一觉吧，太困了。"一个念头出现在脑中。

意识越来越模糊，疼痛让他窒息。史蒂夫还能坚持下去吗？

### ▶▶▶ 获 救

"史蒂夫，坚持住！"迷迷糊糊，史蒂夫听到有人在喊他的名字。他意识到，救援人员找到了他。

最终救援人员发现了他，让他兴奋极了，陷入狂喜中，让他的求生意志更加强烈了。

史蒂夫被发现时，地震已经发生近6个小时。他的头和肩膀被卡住了，要把他从成吨的废墟中挖出来，对救援人员来讲是一个大挑战。他们怕踩塌废墟，给史蒂夫造成更大的伤害，没法从上面实施救援，只能用千斤顶撑起建筑物，让一名救援人员慢慢靠近他。

可以想象一下，史蒂夫的心情是多么激动，他已经迫不及待地想摆脱所处的困境。"史蒂夫，耐心一点！"营救人员不断地安慰道。

正当人们全力营救的时候，又发生了一次余震，营救工作不得不暂停下来。

这次余震晃动得很厉害，他的头被压得更紧了。

所有人的心都揪了起来，不知道这次余震对史蒂夫的危害有多大。史蒂夫也失落到了极点，已经到眼前的希望又破灭了。

过了大概20分钟，营救人员又开始工作了。这次，他们带来了四组木头，每组有两根。他们把这些木头小心翼翼地楔入史蒂夫头上的墙里面，支撑住倒塌的墙体。就这样，营救在一点点进行中。史蒂

▲压在水泥板下面的史蒂夫·兰顿，已经奄奄一息

▼救援人员终于发现了史蒂夫·兰顿，开始积极展开营救

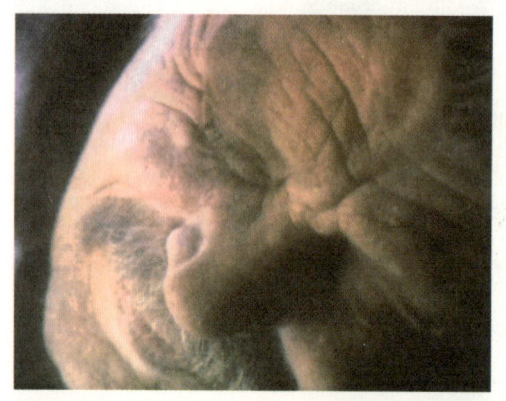

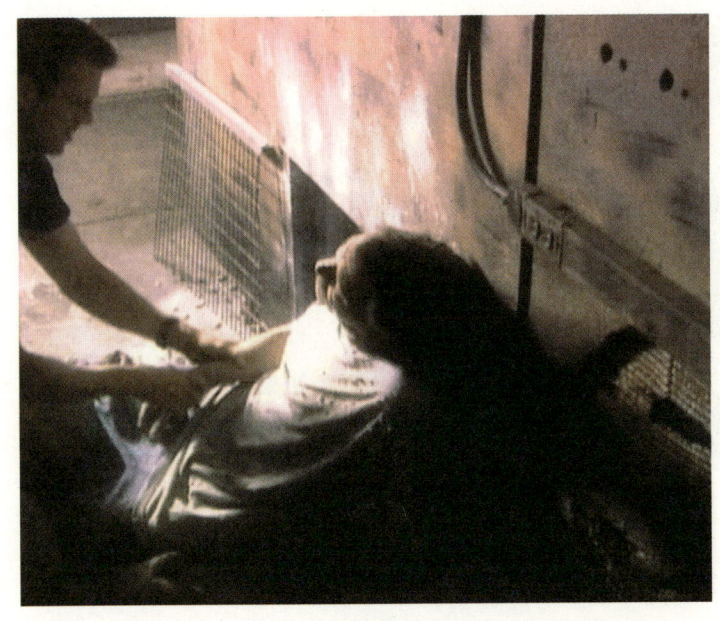

◀ 经过艰难地营救,史蒂夫·兰顿再次看到了阳光

夫觉得他的头可以动了。慢慢地,他的肩膀也可以动了。

他一点一点地从废墟底下爬了出去,来到外面。这时,地震已经过去6个小时,史蒂夫获救了。

史蒂夫掩饰不住内心的喜悦,他终于又见到了阳光,营救人员也为他感到高兴。

从废墟下爬出来后,史蒂夫被迅速送往医院。经检查,他的肺被压破了,锁骨骨折,数条肋骨骨折。医生对他紧急实施了手术。

与死神擦肩而过,史蒂夫神奇而又幸运地活了下来。这让所有关心他的人为他高兴。

▶▶▶ 新　生

"我住的公寓楼有16个人在这次地震中死亡。我之所以能够活下来,最重要的一点……我想,可能就是我刚好在凌晨4:30醒了过来。"史蒂夫还会为自己能够活下来感到庆幸。

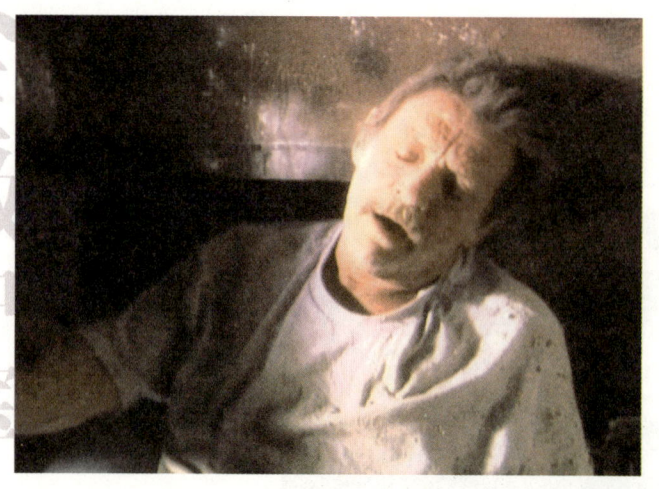

▲从这一刻起,史蒂夫·兰顿知道自己获救了

经过一段时间的治疗,史蒂夫出院回家休养了。现在的他,竟养成了早起的习惯,每天天不亮就会醒来。这次地震,公寓里死去的人,有80%都死于睡梦中。如果他在那一刻也像他们那样没有醒来,可能早就不在这个世界上了,因此不管过了多久,史蒂夫说起这件事情的时候都无限感慨。

感谢上帝,听到了他的心声,给了他一次机会。让他有机会完成那些还没有完成的心愿,有机会向人们倾诉还来不及说的话。

史蒂夫还会一个人去看棒球赛,但他开始做一些从没有做过的事情。更多的时候,他会回几个街区远的老房子看妈妈,享受美味的苹果派,和妈妈一起清除花园的杂草。或者,和心爱的丽娜约会,他们已经聊到结婚的话题了,这是一件让人高兴的事情。

众所周知,地震是无法避免和控制的,人们唯一能做的是如何最大限度地减轻其灾害。如果你不幸遭遇到地震,不要惊慌失措,不妨试试以下的措施:

**A.主震袭来,你该如何应对?**

a.强烈地震来袭,从地震开始到房屋倒塌,可能只有十几秒,要保持冷静,迅速远离外墙及其门窗,可跑到厨房、浴室、厕所、楼梯间等开间小而不易塌落的空间避震。来不及跑时可迅速躲到桌下、床下及紧挨墙根下和坚固的家具旁。

b.寻找软物将头护住,捂住口鼻。史蒂夫在地震时可以把被子、坐垫、衣服等裹住头部、身体,减轻倒塌物对身体的冲击,但他并没有做到这一点。还要找条毛巾或衣物捂住口鼻,以隔挡呛人的灰尘。

c.不要慌张向户外跑或者跳楼。地震发生后,慌慌张张地向外跑,是很危险的。当大楼倒塌时,很多人在门口死亡了。怎么回事?很多人涌向门口,如果你站在门框下,当门框向前或向后倒下时,你会被头顶上的屋

▼准备一些家具捆绑带或者L型金属零件

顶砸伤；如果门框向侧面倒下，你会被压在当中；还有，逃跑过程中的跌倒、踩踏。所以，不管怎么样，你都会受到致命伤害！另外，如果你正处于高层建筑里，千万不能使用电梯，因为电梯会被卡死、变形。更不能跳楼，在跳楼的过程中，可能被倒塌物砸到或者直接掉在地上摔死。

　　d. 将门打来，确保出口。钢筋水泥结构的房屋，由于地震的晃动会造成门窗错位，打不开门，曾经发生有人被封闭在屋子里的事例。如果你还能站稳，请先将门打开，确保出口再迅速躲避起来。

　　e. 如果你正在行走，要就近选择开阔地避震。双手交叉放在头上，最好用合适的物件比如皮包罩在头上，跑到空旷的地方或街心，迅速蹲下或趴下，以免摔倒。一定要注意避开高大的建筑物（特别是有玻璃墙的高建筑物）烟囱、水塔、广告牌、路灯、大吊车、砖瓦堆、水泥预制板墙、油库、危险品仓库、立交桥、过街天桥等。还要注意避开危旧房屋、狭窄的街道等危险之地。

　　f. 如果你正在行驶的车内，要迅速停车，走出车外，以免塌下来的物体压扁汽车，造成致命的伤害。可以卧姿躲在车旁，掉落的物体砸在车上，不至直接撞击人身，可能形成一块"生存空间"，增加存活机会。

◀地震来时要到开间小的空间避震

▶来不及跑时要躲到墙根下

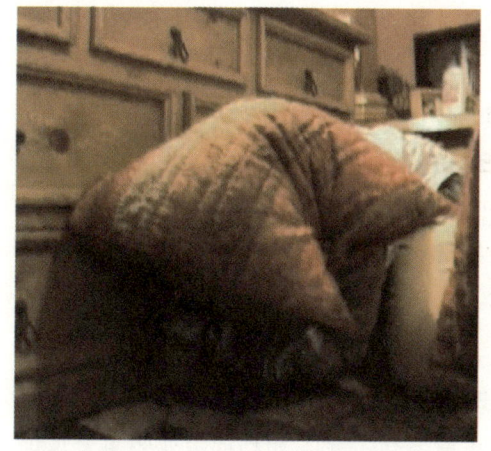 

◀▶地震来时也可以躲在坚固的家具旁,并且用软物把头蒙住

### B.被困废墟,你该如何应对?

a. 被埋压在废墟下,只要神志清醒,就要有生存的信心,相信有人来救你。强迫自己不要睡过去,可以学学史蒂夫,想一些生活中美好的事情,还可以规划一下出去后的生活。总之,要坚定信心,想方设法保持神智的清醒。

b. 千方百计保护自己,最重要的一点是保证呼吸顺畅。根据统计,震后2小时还无法获救的人员中,窒息死亡人数占死亡人数的58%。他们不是在地震中因建筑物垮塌砸死,而是窒息死亡。所以,要尽可能地挪开头部、胸部的杂物,找湿衣服等物捂住口、鼻,以防止煤气、毒气或者灰尘呛闷发生窒息。

c. 主震后,往往还有多次余震发生,你的处境可能继续恶化。尽量避开身体上方不结实的倒塌物和其他容易引起掉落的物体。还可以用砖块、木棍等支撑身体上方的重物,避免进一步塌落,扩大和稳定生存空间。

d. 如果找不到脱离险境的通道,要尽量保存体力。可以用石块、铁管等敲打墙壁,向外发出呼救信号。当确定不远处有人时,再大声呼救。一定不要哭喊、急躁和盲目行动,这样会大量消耗精力和体力。史蒂夫在被困后，大声的求救，就耗掉了他大量的体力，这是非常不可取的行为。

　　e.如果长时间无法脱险或被救，要注意维持生命。尽量寻找，看看周围有没有食品和饮用水。如果找到，要计划着节约使用，必要时甚至可以喝自己的尿液。还要认真检查身体，如果受伤，要想法包扎，避免流血过多而休克。

**C.处在地震带，你该如何应对？**

　　a.提高房屋的抗震系数。美国加利福尼亚州属全球地震高发地区之一，其中洛杉矶恰好处于全球最活跃的环太平洋地震带内。加州当地的建筑条例强制规定，所有房屋的建筑设计必须满足抗震要求，而郊外民房则多是独立式单层或两层木质结构建筑，这样在发生重大地震灾害时可减少房屋垮塌的危害，降低人员死亡率。这一点是非常值得学习的。

　　b.学习地震知识，以及一些地震后自我保护的知识，才能做到"临震不乱"。

▶地震探测仪。这种仪器配备有传感器，能在地震发生前的两分钟报警

c. 可以买一个地震探测仪。这种仪器配备有传感器，能在地震发生前的两分钟报警。你在网上花几百元即可买到一个，做到先知先觉。

d. 准备一些家具捆绑带或者L型金属零件。用来固定大容积的物体，比如大衣橱、电视机等。这种东西通常在五金店就能买到。

e. 震前做一些准备。比如准备一个地震应急包，里面放置必需的药品、饮用水、干粮、手电筒或蜡烛、逃生的衣物等，以备万一。

f. 处于地震带，可能经常发生一些较弱的地震。这也许不会造成生命威胁，但能损坏许多东西，尤其是玻璃制的摆设。这里推荐一件可以固定物品的东西——防震腻子，感觉和口香糖差不多。它的工作原理是：取一小块腻子，抹在物品底部，然后放回架子，就固定好了。这种材料可重复使用，能用在任何东西上，而且极易去除。你上网在搜索引擎里输入"防震腻子"即可买到。

▲防震腻子可以在地震中保护易碎的贵重饰品

你知道吗？

**遭遇大地震，如何降低伤害？**

你知道吗？破坏性地震发生时，建筑物会在瞬间倒塌。逃跑已经来不及，也不可取。你要躲到哪里，才能把自己的伤害降到最低点呢？这里有一个"生命三角"理论。

## 龙卷风突袭

**引言**

你正开车行驶在去购物的路上。龙卷风突然来袭,把你和儿子连车带人卷入15.3米高空。遇到这种极端天气,你将如何应对?

龙卷风是一种极端的气候模式,会形成漏斗状的强风漩涡。它的袭击突然而猛烈,有极大的破坏力,物品在它的面前就如同鹅毛般轻盈,没有丝毫招架的余力。印第安纳州波利斯的金·波恩哈特和她的儿子就遭遇了一场可怕的灾难,被一场突发的龙卷风连车带人抛入空中,险象重重……

▶▶▶ 警 报

"坐好了吗?我们要先去食品杂货店。"金·波恩哈特打算载着6岁大的儿子伊万外出购物。

▼金·波恩哈特的儿子伊万在龙卷风来临前的惊恐表情

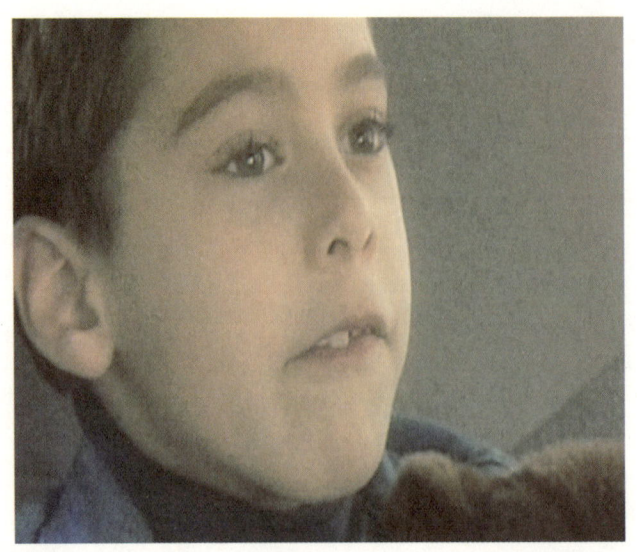

金·波恩哈特住在波利斯,印第安纳州的首府。这里经常有龙卷风光顾,每年平均都会发生20场。仅2002年9月,印第安纳波利斯已经三次被龙卷风袭击。它们的时速都在322千米以上,能摧毁房屋,撕裂大树,将汽车吹到半空,破坏性巨大。

在朋友圈中,金害怕龙卷风是出名的。每个认识金的人都知道,她极其害怕龙卷风。从

◀ 金·波恩哈特驾驶着汽车前进

▶ 前面的天色突然暗下来

小在印第安纳州长大，龙卷风肆虐后的杂乱与伤痛在她的心里留下了很大的阴影。"龙卷风的狂暴令我感到无比恐惧。"她经常这样对朋友说。

这天早晨刚打过雷，下过雨，现在天空还是阴沉沉的，但这并没有阻挡金外出。她知道，夏天的天气就是这样多变，可能过两天还会有雨，需要去采购点必需的生活用品。

伊万蹦跳着从屋子里出来，他总是对购物充满极大的热情，每次都缠着妈妈带他一起去。不一会工夫，他就爬上汽车，在后排坐稳了。

"宝贝，我们出发了。"金从后视镜中看了儿子一眼，愉悦地说。发动起汽车，金又随手拧开广播。

"妈妈，我要吃意大利面。还要给我买个新的玩具。"伊万在后排嚷着。

"好的，宝贝。"金的声音中充满慈爱。

路上的车辆不是很多。尽管出门时天阴沉沉的，但现在已经放晴了。

金和伊万唱起了他刚刚学会的歌曲，"咿呀咿呀哟"，旋律轻松欢快。"这是多么美好的一天啊。"金感慨着生

▶前面的风也变得大起来

活的幸福。

但是,她的这份好心情很快就被打破了。广播里正在插播天气预报,金开大了音量。里面传出男播报员标准的声音,"现在发布印第安纳中南部地区天气警报,预计下午2点10分,龙卷风将袭击印第安纳波利斯,请各位提前做好准备。"

这个警报,对万分恐惧龙卷风的金来说,无疑是一个晴天霹雳。

她的脑袋嗡地一下炸开了。

▶▶▶风 袭

"我该去哪儿?该去哪儿?"金喃喃自语。她觉得大脑一片空白,一时想不到该去哪里躲避。

"妈妈,不会有事吧?"伊万坐在后排,发现了妈妈的异常。此时,他还没有感觉到龙卷风会带来多大的危险。因为每次龙卷风来临，妈妈总是陪他呆在屋子里，他对龙卷风肆虐时的场景根本就没有概念。

"不会的，宝贝。你的安全带系好了吗？"金不想让儿子发现她的恐慌，平静地回应着儿子的话。

金在脑子中迅速过滤着周围的各个场所，试图找到可以让她和儿子避难的地方。很快地，她决定前往附近的一个教堂，她认为那里应该有躲避龙卷风的地下室。印第安纳州每年有龙卷风袭击，这里的人们已经学会了一些基本的保护措施。他们都会在建筑中建造一些地下室或半地下室，作为临时的避难所。

天又变得暗了下来，还隐隐传来一些雷声。行驶的汽车都打开了车灯。

在去教堂的路上，金还不忘给丈夫打个电话，告诉他，她和儿子的去向，免得丈夫为他们担心。

"伊万，我们得给爸爸打个电话。哦，电话通了。"

"嗨，是我。亲爱的，我们要去教堂躲避，听说可恶的龙卷风要来了，我会打电话给你的，你不要来找我们。"金觉得她和儿子会在教堂的地下室，顺利躲过这场龙卷风。

就在车子快拐进教堂停车场的时候，瓢泼大雨从天而降。准确地说，那已经不是雨，更像是开了闸门的水库，水在瞬间一涌而泄。车子的雨刷器已经完全失灵了。周围变得一片漆黑，仿佛置身于万丈深渊。

▲面对天色突暗，风雨交加，金不自觉地紧张起来，惊恐地跟丈夫打着电话

■巨大的龙卷风冲向路旁的房子

▼路旁的房子被风吹得左右摇晃

龙卷风似乎比预报来得要早，灾难提前开始了。

金试图把车子继续开进教堂，但她根本办不到，车子已经不听使唤。水流冲击着汽车底部，也许把排气管堵住了。

龙卷风咆哮着，撕扯着整个城市，感觉整个大地就要被撕裂了。风卷起的杂物纷纷砸在车窗上，发出"劈劈啪啪"的响声，玻璃随时都有破碎的可能。车子在狂风暴雨中剧烈地摇晃着，如同一叶飘摇的孤舟。

金从来没有发生过车祸，但此刻让她有了一种出车祸的错觉。各种各样的东西还在朝他们飞来，她甚至闻到了泥土的气息。

就这样在这里等死吗？金回头看了一眼伊万，伊万正惊恐地看着妈妈。

金决定继续向前走，寻找一个地方躲避这可恶的龙卷风。此时的她，并不知道龙卷风的漏斗核心正在向她慢慢逼近。

就在她踩油门试图离开的时候，突然感到汽车离开了地面。

他们连车带人被吸了起来！

◀ 金闻到了泥土的气息，预感到灾难就要来临

▶ 金抱着儿子伊万，给他安全感

▶▶▶ 悬 浮

"啊，哦，哦，我的天！"金显然被这个突发事件吓呆了。

她知道自己遇到麻烦了。汽车被卷进了龙卷风的漏斗，随着风的移动在不停地旋转，让人头晕。她试图把车停下来，但却恐慌无措。

雨势越来越弱，天渐渐透出了亮光。

汽车还在往上飘，就像是一片轻盈的树叶一样，在龙卷风面前根本没有丝毫的重量。金已经能看到房子了，甚至感觉离房顶越来越远。

此刻，处在龙卷风外围的一位妇女目睹了金和伊万的遭遇。刚才，她听到自家的狗叫了起来，于是透过窗户往外看。天哪！金的汽车就在电线杆的上方。从屋子里看去，好像停在那里了，如同小孩子手中的玩具车一样，小巧且任人摆布。

对于当前的困境，金感到无能为力。她知道，龙卷风的巨大力量是人无法抗拒的，它能撕毁一切阻挡它的东西。

这场时速高达241.5千米的龙卷风已经将车抛向了15.3米的高空。金透过车窗看到房屋纷纷在脚下倒塌，支离破碎地砸在雨水中。"我的汽车又怎么可能幸免于难呢？"金心里充满绝望，她显然看不到任何活命的希望。

惊恐中，金转身看到了伊万，他

▲雨越下越大，天空开始渐渐明亮起来

▼忽然汽车飘了起来，金吓坏了

已经在后排缩成了一团。显然，汽车被卷起后，金害怕极了，她一直在看脚下的情景，忽略了儿子的存在。金感到了更大的恐惧。一个念头在脑中闪现，"难道我的伊万也要死于非命吗？"她的心像刀绞般疼痛，儿子才只有6岁，犹如美丽的花朵还没有盛开，就即将凋零。

但是，这种恐惧很快就消失了。危难之际，母爱显得尤其伟大。对儿子的爱使金战胜了恐惧。

"伊万，没事的。妈妈在这儿！妈妈在这儿！"金转过身，抓住伊万的手，大声地安慰着受到惊吓的儿子。

"妈妈！"伊万的声音中带着哭腔，他已经被吓坏了，眼睛中满是恐惧。

"伊万！别害怕，会没事的！"金不断地安慰他，试图使他镇静下来。

她爬到后排，和伊万坐在一起。

"伊万，听妈妈的话，把脸趴在妈妈身上。不管发生什么事，妈妈都和你在一起！明白吗，听妈妈的话。"金现在异常地冷静，连她自己也不明白为什么会这么冷静。要知道他们现在遭遇的可是有生以来最可怕的事情，尤其是对天生惧怕龙卷风的金来讲，这可是地狱般的灾难。

▼龙卷风袭过，什么都看不清的路面

其实，这就是母爱的力量。当你身处那种危险的境地，有孩子需要照顾时，你的心里想的只会是孩子，根本就不会考虑你自己。

"妈妈！"伊万趴在金的怀里哭了起来。

"宝贝，妈妈不会让你有事的！"听到儿子不停地哭声，金的心都碎了。与其说

◀发暗的天空笼罩着路面

是在安慰儿子,还不如说金是在安慰自己,给自己打气。

"儿子已经被吓坏了,你一定要冷静、镇定。"金暗暗下着决心。

他们就这样在空中悬浮着。等待他们的是什么呢?金不敢往下想。

▶▶▶ 落　地

*"车子还在动。我就想,这有什么意义呢?于是,我把它停下来,感觉车子开始下移了。"*被龙卷风吸起来差不多3分钟后,金伸手拉了拉变速杆,把车停了下来。

狂暴的龙卷风已经过去,它把金的汽车留了下来。金感觉车子开始下移了,这意味着更加危险的事情即将发生。她想起以前在因特网上看过的一张照片。那是40年代的事,有一辆车在龙卷风过后落在了别人家的客厅里,结果车里所有的人都遇难了。她认为汽车一定会重重摔在地上,她和儿子也不会幸免于难,可能会被摔成两团肉酱,他们的生命就要在此终结。

出乎意料,不可思议的事情发生了。

金觉得下降的汽车忽然停住了，过了一会儿又开始往下落。就这样，落落停停。她感觉汽车后轮胎好像是在路边滚动着，而她和儿子就如同躺在摇篮里的婴儿，左右摇摆。

金最大的担心就是伊万，如果可以，她宁可用自己的生命来换取儿子的生命。感觉到巨大的晃动和颠簸，金紧紧地把儿子搂在自己的身下，用身体把儿子包了个严严实实。他们一动不动地趴着，等待着可能降临的灾难。

又过了几分钟，金没有感到想象中的疼痛，好像自己和儿子都没有受到伤害，他们还活着。她心中充满了疑惑，鼓足勇气往车窗外望去。

▲ 被龙卷风袭击倒塌的房屋

▼ 破败不堪的公共设施

外面一片凌乱。到处是倒塌的房屋，街边的树木也倒向了马路中央。电线杆横七竖八地躺着，电线散在地上。街上的汽车也都破碎变形了，有的已经被掀翻，满地的碎玻璃。受伤的或没有受伤的小猫、小狗在街上乱窜，唯独没有感到人的气息。只有不到半天的时间，这个地球上的人好像都消失了。

她打开车门，呛人的尘土和破碎的塑料袋子扑面而来，让人感到呼吸困难。她继续环顾四周，逐渐明白了自己所处的位置。这场龙卷风把他们带到了距教堂仅0.4千米的地方。

听到儿子的喊声，金慢慢回过神儿来，她和儿子已经安全地落地了！她很难相信这是真的！

就像是做了一个梦，十几分钟的时间内，他们从人间到了地狱，又从地狱回到了人间！

▶▶▶ 奇　迹

"'妈妈，我们的雨刷器没了。'儿子对我说。'是啊，是啊，是没有了。'"金回忆着落地后，和儿子的第一次对话。

她微笑着，脸上写满了幸福。汽车的彻底报废并没有让她感到心痛，因为上帝已经给了她和伊万最大的眷顾。

这场时速高达241千米的龙卷风，毁坏了近400栋房屋，摧毁了价值七千万美元的庄稼，还有多人受伤。金和伊万从15.3米的高空摔下，生存的希望非常渺小。但令人惊讶的是，他们却毫发未损，这简直是一个奇迹。他们真是太幸运了！

家人和朋友们一起开了一个派对，对他们的生还表示庆祝。派对上，金给了丈夫深情的一吻，她再次深切地体会到了人间的温暖和亲情。

现在，他们一家又开始了平静、幸福的生活。对了，金每次出门前都会查一下天气预报，这在以前是从来没有过的事情。

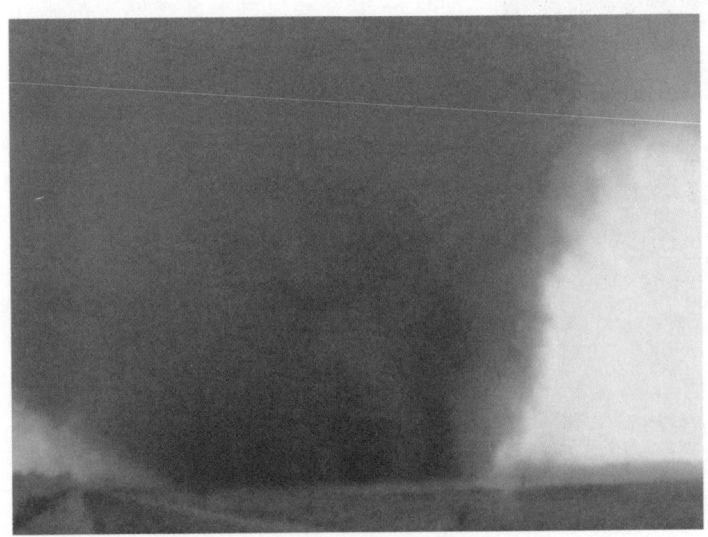
◀龙卷风的中心

## 如何应对？

每年大约有800场龙卷风席卷美国各地，它们造成了数十亿美元的经济损失，并使100多人丧生。如果你不幸遭遇了龙卷风，下面的一些方法也许对你有所帮助：

**A. 风灾频发，你该如何应对？**

a. 积累一些关于龙卷风的基本常识。多数龙卷风发生在3月到8月，80%以上的龙卷风发生在中午到午夜。并且常会出现以下迹象：天空发绿，出现大冰雹，厚云层，还有就是会出现一种类似货运火车的"咔嚓、咔嚓"的声音。如果你所在的地区经常发生龙卷风，一定要注意观察这些迹象。一旦发现，尽量呆在家中，避免外出。金出门前，天就是阴沉沉的，并且当时还处于龙卷风频发的季节，但她并没有太多注意。结果，遇到了可怕的龙卷风。

b. 要学会识别龙卷云。龙卷云在云底会出现乌黑的滚轴状云，当云底见到有漏斗云伸下来时，龙卷风就会出现。识别龙卷云可能需要多次锻炼，在龙卷风来临之前，不妨试着多观察一下。

c. 注意媒体报告。一般在龙卷风来临前，广播、电视等都会发出天气

▼龙卷风巨大的破坏力把楼房全部连顶掀翻

警报。一定要注意及时收听，提前做好避灾的准备。

#### B.风中乘车，你该如何应对？

　　a.迅速寻求掩护。龙卷风来临之前，如果时间允许，要查看周围的情况，迅速作出决定，寻找可以避难的场所。开车前往避难所，总比弃车躲避要来得及时。在这一点上，金的做法是值得学习的。

▲室内遇到龙卷风来袭，应该找房屋的最低处，避免被吹走或砸到

　　b.龙卷风的行进速度一般可达每小时72.45千米，当龙卷风已经来临，还待在车中是十分危险的，因为龙卷风不仅可以将汽车和人吸起"吞食"，还可能使汽车内外产生很大的气压差而引起爆炸。这时，你应马上离开汽车，躲到低洼处。俄克拉荷马州的一名卡车司机就是这样做的，当她身陷风速达每小时161千米的龙卷风时，她快速下车，躲到沟中趴下，头上盖了条毯子。她幸存了下来，而她那辆16吨重的卡车却被掀翻了。

　　c.不要躲到汽车的旁边，因为被风掀翻的汽车可能会砸到你的身上。另外，选在低洼处时，要选择与龙卷风路径垂直的，趴到的正确姿势是：脸朝下，闭上嘴巴和眼睛，用双手、双臂保护住头部，防止被飞来物砸伤。

　　d.远离大树、电线杆等，以免被砸或者触电。

#### C.室内风袭，你该如何应对？

　　a.不要匆忙逃到室外，更不要在楼顶上，尽量在室内寻找安全的地方。最好躲到房屋的最低处，避免被吹走或者被飞行物击中。俄克拉荷马州的一位妇女就是躲在地下储藏室里安然度过龙卷风的。

　　b.远离窗户、门和房子的外墙。有人认为应该打开窗户平衡压力，这是不对的。因为当龙卷风来临时，无论如

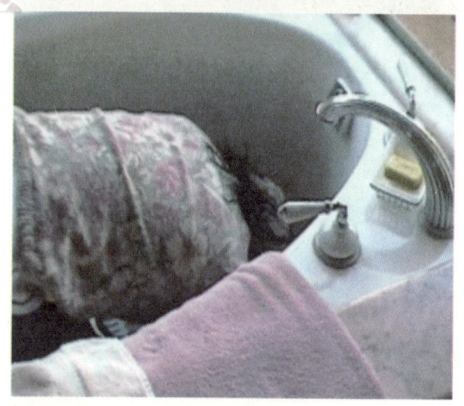

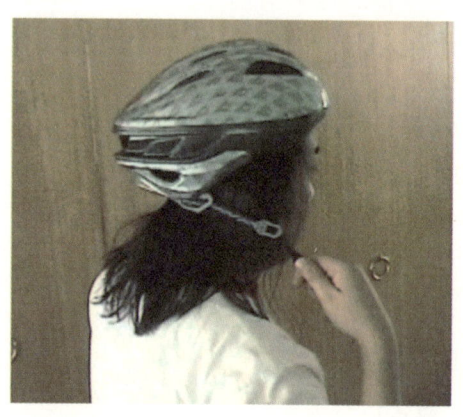

何你家的窗户都会被吹开的。所以请远离窗户，以免被吹走或扎伤。尽可能躲在多道墙壁后面，跪在地上，用胳膊和手护住头。

c. 躲到重家具下面也是一种有效的方法。南达科他州的一家人在龙卷风袭来时，只有几秒钟躲避时间。他们迅速躲到台球桌下，避免了伤害的发生。如果你也能躲在某个重家具下，那么被风吹走的可能性就会大大降低，同时还能避免被物体砸伤。

d. 还有一种简易的办法，就是：躲进浴缸里，并用衣服、纸板或床垫类的东西把自己盖起来。俄亥俄州的一名妇女就是这样幸存下来的。当所有的窗户突然破碎时，她迅速躲进了浴缸，她家的房子被毁严重，而她却幸免于难。

e. 龙卷风能把任何普通物品变成杀人利器，所以最好戴上你的摩托车头盔，给你的孩子戴上橄榄球头盔、护颈等。如果没有这些，那么可以把床垫或毯子罩在身上，总之要用到一切可以起到保护作用的东西。

f. 切断室内的电源和水源。龙卷风可以轻易吹毁房屋，破坏屋里的电线。因此，你应该在龙卷风来临时，迅速拉掉电闸，避免电击人体或引发火灾，造成更大的伤害。

▲躲到重家具下面也是避免受伤的方法

■躲进浴缸，把头保护起来

▼戴上头盔、护肘可以起到保护作用

## 肆虐洪水

**引言**

你正开车行驶在路上，突然天降大雨。你的车被卷入湍急的洪水之中，没人可以靠近你。眼看就要被淹没了，面对如此局面，你该如何应对？

天气总是变幻莫测的，尤其在夏季的时候。也许前几分钟还是晴空万里，突然就会来一场瓢泼大雨，让你缓不过神儿来。安杰拉·康拉德在去接孩子的路上，就遭遇了意想不到的事情——大雨引发的洪水。她置身于波涛汹涌的洪水中，无法脱身……

### ▶▶▶ 降 雨

"天开始变阴，然后开始下雨，但不是很大。所以我一点都没在意。"安杰拉平静地说。

安杰拉是一名家庭主妇，过着平静、幸福的生活。因为孩子们还小，需要照顾，她就一直没有出去工作。她每天必需要做的一件事情就是，下午去幼儿园接孩子回家。

这是 8 月份的一天，天气晴朗明媚。虽然已经是夏末，但这里仍然很热，平时人们穿的还是一些薄衫短衣。

午饭过后，安杰拉打扫完房间的卫生，又收拾了一下花园的杂草。过得真快，不知不觉已经到了下午去接孩子的时间。

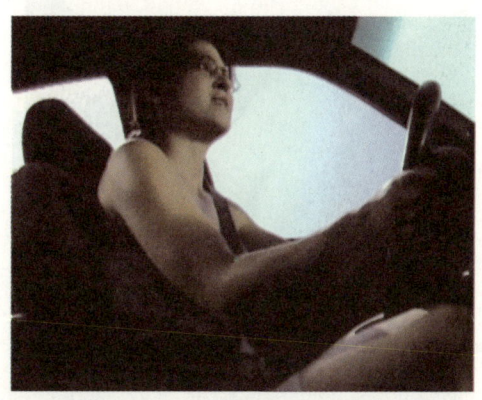
▲雨越下越大，安杰拉的心情紧张起来

▼洪水里纷杂的车辆

▲雨劈里啪啦地砸在车窗上

■安杰拉紧张地把车窗打开，以免空间过小，造成窒息

▼安杰拉痛苦地不断拍打着方向盘

这时候，天气突然变了。先前晴朗的天上布满了乌云，似乎很快就会下雨。安杰拉没有在意，她想也许就是一阵雷雨，因为夏天的雷雨很多，来去匆匆，没有谁太多关注这个。

于是，她穿了件背心就出门了。

安杰拉行驶在高速路上，这是她每天的必经之地。这时，天开始下雨了，但不是很大。

由于下雨，路滑且能见度降低，路上来来往往的车辆都减慢了速度。安杰拉也放慢了速度，边行驶边四处张望着。她发现道路两侧已经聚积了大量的雨水。

这不太像以前下雨时的情形。"好像不太妙。"安杰拉心里嘀咕着。

雨越下越大，噼哩啪啦地砸在车窗上，雨刷器不停地忙碌着。周围已经全是水，而且很深。路上行驶的人们都变得很焦躁，后面不断有人按车喇叭，想要超过安杰拉到前面去。

就这样缓慢行驶了几分钟。高速路上的水越积越多，开始像瀑布似的流向两侧。车辆已经无法行驶，所有的车不得不停了下来，安杰拉被夹在车流中也是寸步难行。

她开始焦躁不安，不停地拍打着方向盘，但没有任何的作用，汽车纹丝不动。

雨水越积越深，已经漫到了车门，

开始慢慢渗了进来。"哦,天哪!"多么恐怖的一件事情!这是她从来没有遇到过的。

安杰拉非常害怕,她担心在救援人员赶来之前,自己会长时间被困在车里。这么狭小的空间让人感到呼吸非常困难,这是她不能忍受的。想到这,她慢慢摇下了车窗。她认为只要窗户开着,自己就会没事的。

安杰拉什么时候能摆脱这个困境,谁也不知道。

### ▶▶▶ 冲 走

"不,不,不!不要!千万不要!别往前滑!哦,天哪,别往前滑!"安杰拉感觉到自己的车被冲了起来,这让她万分恐慌。

不断汇集的雨水引发了山洪。强大的水流把安杰拉的汽车冲了起来,离开了车流。她的车越漂越远,她已经被卷进了洪水中央。

"天哪!不要!不要!别往前滑!哦,天哪,别往前滑!"安杰拉惊恐地大叫着,她迅速转动方向盘,试图把车开到路边去。但是,她所做的一切都于事无补,汽车丝毫没有停下来的意思。

▼安杰拉吓得哭起来

安杰拉意识到出事了!一切都太突然了,她一下子慌了神。抓起副驾驶座上的手机,她拨通了丈夫的电话。

"救命!赶快接电话!"安杰拉几乎要哭了出来,声音中充满了恐惧。

电话通了,安杰拉激动地哭诉着,告诉丈夫自己被困在

# 女性救护宝典

▼一个男青年手里拿着一根绳子，试图扔过来，把安杰拉拽出去。遗憾的是，无济于事，安杰拉根本就抓不到绳子

了洪水中央，无法脱身。丈夫并不十分清楚她的处境，也不知道她有多危险，只能一直尽力安慰她，试图使她平静下来。然后，丈夫帮她拨打了紧急求救电话。

丈夫的话多少起了一点作用，但安杰拉的处境并没有好转。她的汽车还在水中胡乱漂移着，就像大海中的一叶孤舟，渐行渐远。

很快，水就淹到了车窗，疯狂地冲了进来。车中灌的水越来越多。安杰拉的短裤已经浸湿，她蜷缩在座位上，半截身体浸泡在水中。她感到全身冰凉，忍不住不停地哆嗦。

"嗨！嗨！"安杰拉听到有人在叫她。抬头望去，一个男青年正站在路对面天桥的下面，距离安杰拉10多米远。他希望能够帮助到洪水中的安杰拉，但湍急的水流让他根本无法靠近安杰拉的车子。他手里拿着一根绳子，试图扔过来，把安杰拉拽出去。遗憾的是，绳子太轻，再加上水的浮力，安杰拉根本抓不到绳子。

就在他们一次次尝试的时候，狂暴的洪水再次将安杰拉的车子冲到了远处，男青年的面貌越来越模糊。

水还在不停地往车里灌，车子也下沉了不少。没有人能够靠近来救她，安杰拉害怕极了，觉得自己死定了。丈夫还在不住地安抚她，但似乎于事无补。她全身的衣服已经湿透，身上没有一丝

◀冰冷的洪水已经越过了安杰拉的胸部

热气,不住地打着冷战,感觉像是掉进了冰窟里。

这时,水已经没到了安杰拉的胸部。难道她将命丧于冰冷的洪水中吗?

### ▶▶▶ 抗 争

"警察过来了。"安杰拉对丈夫说完最后一句话,就挂断了电话。

"你能听到我说话吗?请爬到车外面来!"安杰拉看到一个警察在天桥下,拿着扩音器朝她喊着。

这时,车内的水已经到她的脖子了,情况十分危急。她知道丈夫非常关心她,但却爱莫能助,现在只能靠自己了。她放下电话,打开安全带,艰难地挪动着身体,开始按照警察的指导往车外爬。

由于长时间蜷缩在座位上,安杰拉体内的氧气含量急剧下降,再加上衣衫单薄,受到冰凉洪水的浸泡,她

◀就在她以为自己要死于洪水中时,传来"让她爬到车窗外"的声音

▶安杰拉艰难地往车窗外爬

的肌肉抽搐得很厉害,呼吸也很急促。在这种情况下,只要动一下,她就感到全身疼得要死,就像有人在使劲拉扯她的肌肉似的。即使这样,她还是使尽全力,打开车门,伸开手指,支撑着爬向车外。

过了一会儿,安杰拉手抓着车顶站了起来。她脚踩在车内,半截身子露在洪水外面,与凶猛的水流作着顽强的抗争。

汽车还在洪水中飘摇着。安杰拉被独自困在洪水之中,没人可以交流,孤单无助。她意识到天桥下的人们帮不了她,没人能救得了她。只能靠自己的力量来与洪水进行搏斗,找出一条生路。

她慢慢爬到汽车顶部,一个踉跄,差点跌落到水里。于是她躺了下来。雨水打在她的脸上、身上,她觉得冷极了,浑身止不住地哆嗦,自己真的快被冻死了。她不知道自己还能够坚持多久,也许是1分钟、2分钟或者10分钟。无论如何,她觉得自己一定不能放弃,要坚持下去,才有获救的机会。

湍急的洪水似乎要把她从车上冲下去一样。于是,安杰拉把双腿插进了车窗里,以使自己固定在车上。她不想被单独冲走,在这个时候,汽车才是她唯一的依靠。

▶▶▶ 淹 没

"我无力地躺着。我完全知道周围发生的事情,但却感觉都像是慢镜头似的。"安杰拉已经没有一点力气了。

洪水已经漫到了车顶,随时都有可能将安杰拉吞没。

安杰拉已经到了最危机的关头。她的身体冰冷,似乎比洪水还要凉。她觉得自己很快就要和洪水混为一体了。

此时,她反倒是冷静了很多,刚才的恐惧似乎转眼就消失得无影无踪。她并没有想到要就此和丈夫永别,也没有想到要和孩子们永别。她的头脑中没有这些想法,唯一想到的就是,自己也许会挺不过去了。但实际上,她的心里还是抱有一丝希望的。她幻想着救援人员的到来,把她从车顶上救走。

就这样,安杰拉无力地躺在车顶,在洪水中向前漂着。雨还在下着,汽车的头部已经浸在了水中,并且水还在不断地上涨。水势凶猛,被淹没只是一瞬间的事情。

车身在一点点被吞没,安杰拉感到自己的腿大部分已经浸泡在了水中,只剩下上半身还露在空气中。

◀虽然浑身冻僵了,但安杰拉还是抓着车顶站了起来

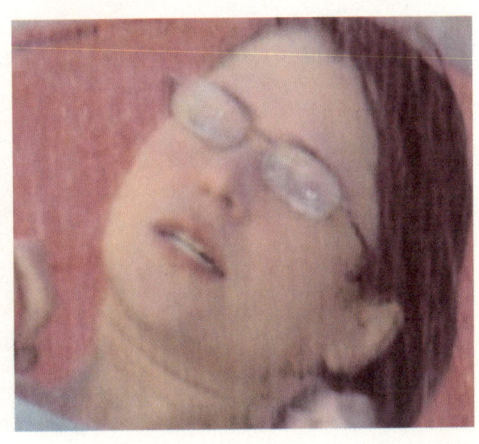

▶一不小心,差点掉到水里,于是安杰拉干脆躺倒了车顶上

她不知道自己还能活多久，也许下一秒就会命丧滚滚的波涛中。

她仿佛已经看透了一切，现在脑子里没有任何的想法。自己所处的境地，已经没有人能够改变。一切只能听天由命。

▶▶▶ 获 救

"一个人从直升机上下来了，但我没抱什么希望。"安杰拉发现有人来救她了，但似乎为时已晚。她已经对生还不抱任何的希望。

安杰拉的丈夫拨打求救电话后，救援人员乘坐直升飞机赶到事发现场。直升机在水面上空盘旋着，试图把她拽到安全的地方去。

洪水已经把汽车的大部分吞没了，只剩下车屁股露在了外面。当救援人员下来后，她可能已经被冲走了。所以，当救援人员抓着绳子慢慢站在车上时，安杰拉不相信自己看到的是真的，她感到太意外了。

救援人员迅速把皮带系在安杰拉的身上，方便把她拉上直升机。

由于穿着单薄，加上长时间浸在水中，安杰拉的体温严重降低，四肢僵硬。救援人员不断地告诉她，让她把手臂放下。

安杰拉套着皮带，升了起来。他们刚离开车顶，汽车就被洪水吞没了，不知道卷到了哪里。

▼安杰拉对生还已经不抱希望的时候，一个人从直升机上下来救她

▲安杰拉被套上皮带,被直升机拉了起来,汽车即刻沉没于洪水

就这样慢慢上升。当他们到达直升机的高度时,救援人员让安杰拉爬进去。但是,安杰拉已经没有一丝力气了,救援人员只好费力地把她拖了进去。

最终,安杰拉获救了,并且毫发未损。

▶▶▶ 感 慨

"被困在车里的感觉,实在太可怕了。"回忆起当时的情景,安杰拉还是心有余悸,但语气却平静了很多。

虽然遭遇了困境,好在安杰拉毫发无损。朋友们都连连感慨她太幸运了,在即将被洪水淹没的瞬间被救了下来。安杰拉也对自己的获救颇感庆幸。

回到家后,安杰拉和家人在电视中看到了她被洪水困住的场面。当时,她正从车厢中爬出来,被记者捕捉到了这个镜头。安杰拉所处的境地危险异常,这是丈夫

▲灾难过后一家人幸福地生活在一起

和孩子们想象不到的。他们都称赞她太伟大了，在洪水中顽强地抗争。安杰拉也不知道自己当时为什么如此顽强，也许是强烈的求生信念支撑着她。

安杰拉把当时捕捉下来的画面刻录了下来。事情已经过去，但这在她的记忆中不会抹去。这场遭遇势必会影响她的一生。以后不管遇到任何困境，她都会顽强地抗争。

在家休息了几天，安杰拉在丈夫的陪同下去买了一款新车。他们的生活并没有受到太大的影响。现在，安杰拉还是每天下午准时去接孩子们回家。他们依旧过着平静、幸福的生活。

## 如何应对？

洪水是死亡率最高的一种自然灾害。如果你和安杰拉一样，遭遇了意想不到的洪水，请保持镇静，千万不要惊慌失措，可以试试以下办法：

A.洪水突发，你该如何应对？

　　a.迅速判断周围的情况。要就近迅速向山坡、高地、楼房、避洪台等地转移，或者立即爬上屋顶、楼房高层、大树、高墙等高的地方暂避，以获得逃脱的机会。

　　b.洪水冲来的速度远比你想象得要快，即使只有15厘米深的洪水，它的流动也是非常快的，并且很容易就把你冲倒。因此洪水来临，不要沿着行洪道方向跑，而要向两侧快速躲避，以免被卷入水中。

c. 不要试图涉水转移。除非水可能冲垮你所处的建筑物或者淹过脚下的高点，这时就要被迫转移，否则最好待在原地，等洪水不再上涨或者已经过去再转移。千万不要冒险草率地下水逃难。

d. 如果水位不断上涨，暂避的地方已难避难，可搜集周围容易漂浮的材料如木盆、床板、树干、大块的泡沫等，用绳子捆绑起来，做成简易的逃生筏。如果找不到绳子，可以把床单、衣服撕成条，甚至鞋带、腰带、藤蔓等都可以用来做绳索。制作逃生筏时，一定要捆扎结实，以免被凶猛的洪水冲散。

e. 及时求救。遭遇洪水，要保护好手中的通讯工具如手机，及时与当地政府防汛部门取得联系，报告自己的方位和险情。没有通讯工具，就要学会用身边的物品进行求救。可以用眼镜片、镜子等反射太阳光发出求救信号；还可以挥动色彩鲜艳的衣服或树枝、吹哨子等向救援人员发出救援信号。

### B. 驾车遇水，你该如何应对？

a. 如果洪水来临时，你正坐在车里，同时水位迅速上升，那么你要立刻冲出来，弃车逃到地势比较高的地方。千万

◀水淹过车轮前，迅速离开洪水

▶像图片中这样被水困住，就很难驾车逃离了

别尝试在已经被洪水淹没的公路上行驶，这样做的结果往往是会被上涨的洪水困住。因为洪水一旦没过车轮，很快就会淹没引擎，导致汽车熄火。

b. 汽车不幸被卷入了洪水中央，要充分利用车内还没有完全进水的宝贵时间，打开车门，爬到车顶上去，大声呼喊救命。

c. 位于汽车顶部时，可以把脚勾在窗框或者车子的天窗上，并抓住安全带以固定身体，防止被水冲走。安杰拉就做到了这一点，从而增加了生还的机率。记住，漂摇的汽车就是你的救生筏，千万不要轻易离开汽车，尤其是洪水正狂扫而过时。

d. 车子进水后，会迅速下沉，压强变得极大，可能已经打不开车门了。这时，可以用车内的金属硬物砸碎车玻璃，爬到外面。

e. 如果你去的地方经常发生洪水，那最好准备一件东西，就是车用逃生锤。它能够在紧急时刻打碎汽车玻璃，帮你迅速逃离汽车。并且，它还有一个和剃刀一样锋利的刀刃，可以把安全带剪断，避免你在危急时刻困在车座位上。手边放着这么一样东西，会让你感觉放心一些。你可以在任何汽车配件商店买到它。

▲万一车子驶入洪水，在洪水还没灌满车厢的瞬间，打开车窗，从车窗爬到车顶

**C. 不幸落水，你该如何应对？**

a. 迅速屏气并捏住鼻子，避免呛水，先试试能不能站

起来。如果水太深，站不起来，也要尽量保持镇定。可以抓住身边漂浮的任何物体，最好用衣物把自己捆绑在漂浮物上，以节省体力。

b. 不管你是否会游泳，都不要胡乱拍打、挣扎，也不要拼命划水，这样只会快速耗尽你的体力。落水后，最好采取仰泳的姿势。面朝上，头向后仰，双脚交替向下踩水，手掌拍击水面，嘴露出水面，呼出气后迅速使劲吸气。

▲开车遇洪水，最佳逃生姿势是坐在车顶，腿勾在车窗里，等待救援

c. 如果水中的风浪很大，要注意借浪行事。在浪头时趁势前冲，低浪时随波逐流。也可以在浪头上潜入水底，稳住身体，待浪过后再露出水面。

d. 即使体力不支，也要坚持。能感觉到体力不支，说明生命依旧存在。这时候，要有顽强的求生信念，一定要给自己以信心，相信自己一定能够获救。哪怕只剩下最后一点力量，也要坚持、坚持、再坚持。身处绝境而被救助的遇难者，多数都是在灾难中坚定信念、不放弃希望的人。

### 你知道吗？

**如何正确搭救落入冰窟的人？**

知道吗？天气寒冷时水面会形成冰层。但并非所用冰层都是坚硬的。在冰面上行走，稍有不慎就会落入冰窟。那么，你要怎样才能正确救助落入冰窟的人呢？

# 海上遇难

**引言**

你正在海里开心地游泳，突然一股激流将你卷入水下，你根本无法脱身。在海浪中起伏淹没，你该如何面对？

大海的脾气总是让人琢磨不透，平静的海水下面也许就暗藏杀机。如果你正在海里游泳，一定要注意观察海水的变化，否则可能身陷险境。吉米和家人、朋友就有过这样的遭遇。他们被激流卷入水下，无法脱身……

### ▶▶▶ 游 泳

"假期才刚刚开始，我们的心情都很好。"吉米和妻女、儿子克里斯、朋友布拉德正在佛罗里达海边度假。

这天天空晴朗，万里无云。温度也很适宜，没有酷夏的炎热。海风暖暖地吹在脸上，很舒适。这个时候在海边玩，真的是一个非常理想的选择。

吉米和妻子、女儿踩着细沙，悠闲地在岸边

◀ 吉米和妻子、女儿悠闲地在岸边散着步

▶ 吉米和儿子在海浪中玩得特别开心

散着步。他不时地讲着笑话,逗得妻子和女儿哈哈大笑。大家的心情都很放松和愉悦。

这样走了几分钟。克里斯和布拉德欢呼雀跃着,从他们身边经过,正准备下海游泳。

"吉米,去游泳吧。"妻子建议吉米也下海游泳。因为她已经发现吉米非常想和孩子们一起下水。

水不是很凉,不需要做一些游泳前的准备活动。吉米和克里斯、布拉德都很兴奋,奔跑着冲向了大海。海水冲在身上的感觉实在太棒了。

但是,当他们走进海中后,吉米发现海里的情况非常恶劣。海浪比较大,远没有在沙滩上看到的平静。情况似乎有些不妙。

尽管如此,他们还是决定在海里游一阵子。

他们没有到太深的海域,选择的是齐胸深的地方。海浪涌过来时,他们也跟着起伏跳跃,或者故意踩到浪头上,或者平躺着,体验海浪的冲击。三个人都玩得非常开心。

过了不到一个小时,克里斯觉得累了,想到岸上去补充些食物。"我要游回去了。"他说着,先游回了岸上。

吉米也想和儿子一样返回岸边休息一下。当他转过身,正准备往回游的时候,突然,他感觉双脚悬空了。这太出乎他的意料了。

到底发生什么事情了?吉米不得而知。

▼突然,他感觉双脚悬空了,好不容易从水中探出头

▶▶▶ 淹没

"这确实有点奇怪。我们在同一位置站了大约有45分钟了,现在海水却突然没过了我的头顶。"吉米不明白为什么齐胸深的海水现在却可以淹没他。

事实上,他们遇到了激流,也就是退潮流。在海浪打过来并形成一波回浪时,他们脚下的整个海床就全部被冲走了,所以海水才会一下子没过他们的头顶。但是,海浪中的吉米和布拉德并不知道这些。

任凭他们怎么伸展,就是触不到脚底的沙子,只能悬浮在水中。一波海浪过来,他们被打入了水面下。

吉米的游泳技术不错,既可以踩水,也能够在水面上漂浮,他希望可以赶上一个海浪,让它把自己带回岸边。此时的吉米,并没有感觉到紧张或恐惧,他一边踩着水,一边寻找着机会。

有经验的游泳者都知道,海浪的上层危险而下层平静,想冲过浪头就要在水下作文章。所以,看到浪头后,吉米毫不犹豫地扎进了水里,想随着海浪游回去。以前每次在水中遇到危险,吉米都是靠这种办法脱险的。

他认为这次也不例外。等海浪过去后,他迫不及待地从水里钻出来,想看看自己在哪里,是不是已经到了岸边。结果却让他大失所望,

▼远处,布拉德的处境也很糟糕

海水仍然淹没了他的头顶。

▲海水又没过了吉米的头

3.05米外,布拉德的处境也很糟糕。

他意识到遇到麻烦了。有股力量一直在往后拉他,但却不知道是什么。他挣扎着,尽力想摆脱这种困境。

遗憾的是,不管布拉德怎么努力游动,就是到不了岸边,所做的一切都是无用功。他觉得自己实在太累了,这让他很焦躁。

经过第一次的失败后,吉米有了一些恐惧感,因为这种情况是他以前从没有遇到过的。他想趁下一波海浪摆脱这种困境。但是,他连续试了几次都没有成功,还是淹没在海水里。让他心里紧张极了,尽量说服自己保持镇静,实际上却镇静不下来。

"布拉德,我有麻烦了,我无法游回到岸边。"吉米朝布拉德喊着,他需要布拉德过来帮助一把。

布拉德游过来,抓住了吉米的右手臂,使劲往上拽他。但是,布拉德很快也没有力气了。两个人筋疲力尽,一会儿淹没在海水中,一会儿又浮上来。

这时,激流正一步步将他们推离海岸,他们离海岸越来越远。

### ▶▶▶ 挣 扎

"我们遇到麻烦,游不回去了。"布拉德发现克里斯还在岸上,就冲着他大喊。

克里斯上岸后,一直躺在沙滩上休息,并没有注意到他们两个人正在海水中挣扎。此时,他听到了布拉德的求救声,迅速爬了起来,跑到海岸边,试图下水去救他们。

"回去,别过来!"吉米看到儿子跑到岸边,他猜到了儿子的意图。他大声地告诉儿子不要下水,要留在岸上。作为父亲,吉米害怕儿子因为救自己而遇到麻烦,这是他非常不愿意看到的。

克里斯在岸边束手无策,焦急地走来走去,想不到办法帮助爸爸和布拉德。此时的吉米反而突然有了力量,也许是儿子给了他动力,他更加努力地想要游回岸边去。

吉米用双手熟练地划着水,他几乎是用尽了全身的力气。这样前行了一段距离后,他感觉自己已经没有力量抬起胳膊。但他咬紧牙关,继续坚持。

▶吉米开始意识到无法游回岸边

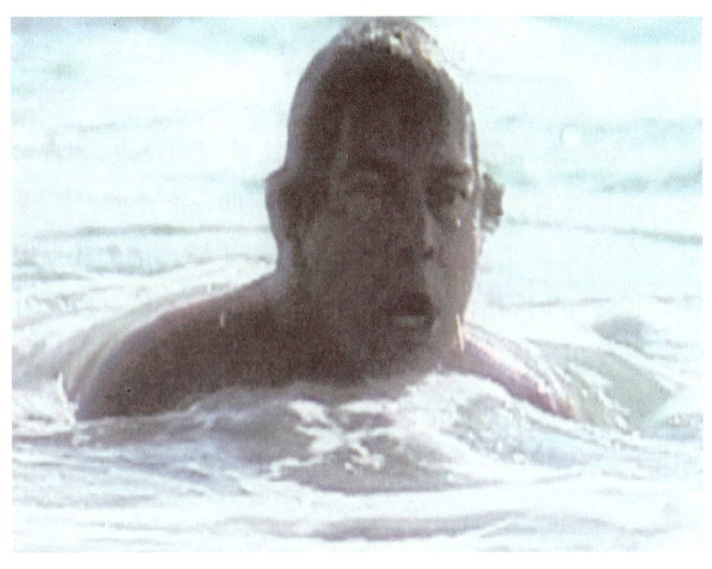

随后，又一波海浪过来了，他认为这次总应该能够着海底了，因为他已经使出了浑身的解数，可以说是孤注一掷了。他把身体充分伸展，使身长增加0.05到0.08米。但结果很令人失望，他还是够不着。

这样一来，吉米的心里慌乱到了极点。拼尽全力的一次尝试又失败了，他不知道自己还能不能游出去。他再也没有一点力气进行尝试了。

▶▶▶ 无　望

"我心里真的非常难受，那是一种非常无望的感觉。"吉米失落到了极点。

海水冲过来，一下子没过了吉米的头顶，他知道自己遇到了很大的麻烦，但毫无办法，因为他已经没有了力气。刚才大量的运动耗尽了吉米身体中的能量，他的胳膊抽筋了，根本没法正常摆动了。

他觉得自己很可能难逃此劫，也许这一天就是他的祭日。而就在一小时前，他还和妻子、孩子们在沙滩上尽情地欢笑。没想到他们的假期就是以这样的方式开场的，真是造化弄人啊！

他还没有陪妻子和儿女好好享受这美好的生活，就这样先离他们而去了，这是多么令人伤心的事情。

吉米就这样无力地漂浮在海水中，几个海浪过来，把他掀到了水下，过了一会儿又漂出了海面。吉米任由海浪把他打下去，又漂起来。他已经没有一点反抗的力量。沉沉浮浮着，他还被呛了好多口海水。这在以前是

▲吉米在一波又一波的海浪里挣扎

◀ ▶艰难地在海浪中挣扎

不可能发生的,因为吉米的游泳技术完全能够应付一波波的海浪。但是今天,一切都变了。

一想到自己马上要死去,马上要离开儿子、女儿和妻子的时候,吉米的心里就难受起来,那是一种生离死别、无法用语言形容的感觉,他不愿意再想下去。

他的心中有太多的不舍,还想再看到家人的笑容,还想听到他们的笑声,和他们一起度假、旅行。

思绪千丝万缕的在吉米脑中纠结着。难道他就这样被海水冲走了吗?

▶▶▶ 上 岸

"爸爸!"吉米透过海浪和海风,听到了儿子的声音。

他突然觉得不能就这样死了,不能放弃希望。就算是浑身没劲,就算是肌肉麻木,也要打起精神,争取活下来。

"意志绝对不能垮掉,必须想办法游回去。"吉米在心中默念着,因为家人还在岸上等着他。

"爸爸,侧着游!爸爸,你必须侧着身游,把身体侧过来,和海岸保持平行。"克里斯在岸上一遍遍焦急地喊着，同时还手舞足蹈地比划着。他想起来了在学校时参加的灾难演习，教练就是这样教导他们的。

吉米不明白为什么儿子的声音这么清楚。要知道，儿子在岸上，是逆着风朝海里的吉米喊话的。而此时，就像是儿子在他的面前说话一样，声音清晰响亮。

听到克里斯的话，吉米向身体两侧伸展了几次胳膊，以缓解抽筋的麻木，然后，他开始调整方向，尽力把头露出水面，开始侧着游动起来。海浪一波波打过来，冲着吉米的身体胡乱漂动。他尽力按照儿子说的，和海岸保持平行，避免直接对着海岸线游。

布拉德应该也听清楚了吉米的喊话，他也开始侧着身体游动。

一分钟，三分钟，五分钟，吉米不知道时间过去了多久。他一直努力地往前游，尽力摆动着自己的手臂，一秒钟也没有停下来。他相信儿子的话，知道这是他最后的机会。

突然，吉米发现布拉德出现在他的右边，站起来了。他知道，他们已经摆脱了激流，成功靠岸了。

吉米看起来一点力气都没有了，浑身松软，挪不动腿脚。克里斯匆忙跳进水里搀扶爸爸，他和布拉德扶着

▼吉米和布拉德打着招呼，让他过来帮自己一把

▲吉米和布拉德互相帮助，成功地摆脱了激流

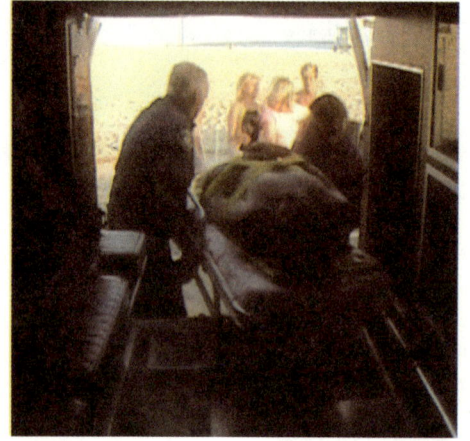

▼吉米被紧急送往医院

吉米，连拖带拽地到了沙滩上。

妻子和女儿看到吉米毫无生气、面无血色，心里非常紧张和害怕，不知道吉米有没有生命危险。

在此之前，妻子已经拨打了求救电话。这时，急救人员也赶过来了。

"有没有呛水？"急救人员问道。因为呛水可能会导致所谓的二次溺水。大约有15%的溺水者身体受到更大伤害都是由二次溺水引起的，这时候游泳者的肺部会呛入大量盐水。就算游泳者被成功救出，也会由于二次溺水而死亡。所以如果呛水，一定要紧急治疗，否则可能带来进一步的创伤。

吉米在海里呛了一些水，这让家人很担心。他们迅速把吉米抬上救护车，送到了附近的医院。

"我亲眼见过许多被救上来的人，他们情况比你好，最终都因为二次溺水而死了。"急诊人员对吉米和家人说。幸亏吉米被救助的及时，才没有出现糟糕的结果。

经过在医院的紧急治疗，他第二天就康复出院了。这真是不幸中的大幸。

▶▶▶ 感　激

"那天，布拉德是我的英雄。当然，这也有克里斯的功劳。我很幸运，多亏他有这方面的知识。我真的很感激他们。"

吉米知道，要是没有布拉德过去拉他一把，也许他已经被水卷进了深海。而当时的布拉德在激流中冲来游去，也是疲惫不堪的。吉米觉得，自己能交到一个舍身救己的朋友，是一件幸运的事情。他们的友情是牢固而不可摧的。

▲克里斯的话帮助吉米度过危机

当然，吉米觉得儿子的表现也很棒。他忘不了儿子在岸边焦急比划的身形，还有儿子想冲到海里救自己的行为。这些，都让吉米很感动。他和布拉德能最终摆脱激流，还要感谢儿子在危机时刻给他们的指导。

出院后，吉米和家人、布拉德留在佛罗里达，继续享受着假期。虽然这次度假刚开始就遭遇了灾难，但好在有惊无险。

经历了这场海难，吉米也更加珍惜现在的生活，珍惜和家人在一起的时刻。

**如何应对？**

游泳是一项有益健康，同时又充满危险的运动。在游泳过程中难免会遇到一些危险情况，如：肌肉抽筋、漩涡、呛水等。如果你在游泳时也遭遇了吉米的困境，下面的方法也许会帮助到你：

**A. 沉入水下，你该如何应对？**

a. 游泳时，可能会遇到漩涡、激流，会被卷入水下。这时，千万要保持镇静。如果是处于漩涡附近，切勿踩水，应立刻平卧水面，沿着漩涡边，用爬泳快速地游过。因为漩涡边缘处吸引力较弱，不容易卷入面积较大的物体，所以身体必须平卧水面，切不可直立踩水或潜入水中。另外，有漩涡的地方，一般水面常有垃圾、树叶杂物在漩涡处打转，要尽量及早发现。

b. 身体已经沉入水下，要迅速闭住呼吸。这样，体内肺部会充满气体，片刻后身体会自然上浮。一定不要胡乱的挣扎，这可能会被呛到。

c. 在海边遇到强大的激流或者潮水而无法返回岸边时，应尽量放松身体，然后沿着海岸线平行游动。如果正对着海岸游泳，可能会被退去的潮水带入深海。

d. 在池塘里游泳，如果被水草拖入水中，切不可手脚乱动，否则只会越缠越紧，最终淹没在水底。这时，要憋住气，尽量把身体伸展开，然后迅速查看水草缠在什么地方，就像脱手套或是脱袜子那样把水草脱掉，先把四肢解放出来，而后再把身上的摘下来。

e. 如果你感到自己无法脱身，最好尽快通知其他人你有危险。有救生员或者朋友在岸边时，通用的水中遇险求救信号就是把手举过头顶，然后左右挥动。这并不是在打招呼，而是说你需要帮助。如果现场有救生员，他们立刻就会下水救你。

**B.游泳抽筋，你该如何应对？**

a.下水游泳前，一定要做好暖身运动。抽筋的主要原因是下水前没有做准备活动或准备活动不充分。因此，可以做一些运动，比如：慢跑、体操等，让身体的肌肉进入"运动"状态，避免因水凉刺激肌肉突然收缩而出现抽筋。

b.在水中游泳的时间不要太长。时间长了，容易过分疲劳及体力消耗过多，就会出现肌体大量散热或精神紧张、游泳动作不协调等情况，这样也会出现抽筋。另外，游泳之前也不能太饿或者太过疲劳，以免下水后体力不支而抽筋。进水时，也不要一下子就跳进去，最好让身体逐步浸入水中，到了齐腰深以后再把上身也撩上水，搓搓皮肤，做几次深呼吸，等逐步适应了水温后，再把身子完全浸入水中，以避免冷水的突然刺激。

c.发生抽筋，要停止游动，仰面浮在水面上，并针对不同的部位采取不同的措施。如果是腿部或脚趾抽筋，用手握住抽筋那条腿的脚趾用力往上拉，使其伸直，然后用另一腿踩水，另一手划水，帮助身体上浮，这样连续多次即可恢复正常；两手抽筋时，应迅速握紧拳头，再用力伸直，反复多次，直至复原；上腹部肌肉抽筋，可以把双腿向腹壁弯收，再伸直，多重复几次。

d.情况缓解后，不要继续呆在水里，最好改用别的游泳姿式，慢慢游回岸边。如果继续使用原来的姿势游，可能再次发生抽筋。

**C.不幸溺水，你该如何应对？**

a.对自己的水性要有自知之明，尤其是在海中游泳。

因为是动水，有海流、波浪，与游泳池不同，故需要加倍的耐力及体力才能达到同等距离，所以不可高估自己的游泳能力。下水后不能逞能，不要贸然跳水和潜泳，不要到急流和漩涡处，更不能互相打闹，以免溺水。在游泳中如果突然觉得身体不舒服，如眩晕、恶心、心慌、气短等，要立即上岸休息。

b. 不要独自一人外出游泳，更不要到不知水情或比较危险且易发生溺水伤亡事故的地方去游泳。

c. 如果你不小心呛了水，首先要张大嘴，做深呼吸，哪怕喝上几口水，也一定要张大嘴，而不能用鼻子喘气。除呼救外，还应该仰卧在水面上，头部向后，使鼻子可露出水面呼吸。呼气要浅，吸气要深。因为深吸气时，人体比重降低，比水略轻，可浮出水面。此时千万不要慌张，不要将手臂上举乱扑动，这只会呛到更多的水。

d. 遇到有人溺水时，应大声喊叫或打警方电话请求协助，如果你未学过水上救生，不可贸然下水施救，以免造成新的溺水事件。

▼康复后的吉米更加珍惜和家人在一起的时间

e. 对溺水者的救助也很重要。应该立即清除其口、鼻腔内的水、泥及污物，保持其呼吸通畅。然后抱起伤员的腰腹部，使其背朝上、头下垂进行倒水。呼吸停止者应立即进行人工呼吸，一般以口对口吹气为最佳。心跳停止者应先进行胸外心脏按摩。就地急救有困难，溺水者生命垂危时，要设法尽快送往就近的医院，切记不要舍近求远。在送医院途中也应该尽可能继续进行上述急救措施，不能间断。

# 森林大火

**引言**

*一场失控的森林大火在你的住所周围肆虐咆哮，你想驾车逃离，却发现送出的道路已经被大火切断。你身陷火海，孤立无援，此时你该如何应对？*

对于住在山区的人们而言，森林火灾可谓司空见惯。你大概也听说过某种致命的大火，它来得快而凶猛，在很短时间内就能使一切化为灰烬。美国加利福尼亚的拉里和劳伦就遭遇了这样一场大火。他们被大火围困在自己的房子里，恐惧至极……

### ▶▶▶ 火 海

"四周除了大火，什么也看不见。"拉里描述着从窗户向外看去的情景，显得有些激动。

拉里和劳伦是一对恩爱的夫妻，他们已经一起风风雨雨的走过了30多年。拉里以前是一名出色的消防员，现在已经退休。自从拉里退休后，

◀ 一场森林大火从天而降

▲拉里和劳伦所住别墅四周一片火海

他们就从加利福尼亚市区搬家到了山区，在山谷中建起了漂亮的别墅，甚至还在房子前面的空地上种起了蔬菜。

他们两个人都非常喜欢这个山谷。这里的人们都有自己漂亮的别墅，整洁干净，不像市区的建筑那样杂乱无章。在这里每天还可以呼吸到新鲜的空气，可以听到树林里各种小鸟的叫声，有时还能透过窗户看到野兔从草地上一蹦而过。一年四季的景色都美极了，是他们以前在市区从没有体验过的。

当然，他们和邻居们也相处得非常和谐，关系都很好。虽然大家都有自己的事情要做，但还是会抽空见见面，聚在一起聊天喝茶。

拉里和劳伦很享受现在的生活。拉里每周要开车去市区的超市采购，除此之外，他们很少外出。要么在菜地里管理蔬菜，要么去山谷中散步，他们已经渐渐爱上了这片美丽的山谷，打算在这里度过他们的后半生。

这天和平时没有什么不同，他们没有出去活动，一直呆在家中。晚饭过后，劳伦去厨房收拾，拉里闲来无事，就坐在沙发上看起了电视。

突然，拉里闻到了一股呛人的烟味，似乎是从窗户外面刮进来的。他立即起身，透过窗户向外望去。天哪，森林里着火了！尽管天已经黑了，熊熊的火焰还是映红了半边天，疯狂地吞噬着森林。转眼间，很多树木都化成了灰烬。这真是太可怕了!

山谷里晚上经常会起风,这时的风速每小时达96.6千米。大风煽动着熊熊火焰,直奔劳伦和拉里的住所。火势推进的速度超出了他们的想象,很快他们的周围就成了一片火海。

劳伦也发现了他们的处境。她感到非常恐惧,尽管以前也遭遇过火灾,但从来没有这次恐怖。大火疯狂地燃烧着,似乎要毁灭周围的一切。火舌似乎很快就要触及到他们的房子了,劳伦已经感觉到了那种炙热。害怕,再加上从窗户灌进来的浓烟,让她觉得呼吸越来越困难。

### ▶▶▶ 逃 生

"快点儿,我们快走!"劳伦害怕极了,大声朝丈夫喊道。

拉里有35年的消防经验,显然比劳伦镇定得多,他知道他们应该迅速逃离这里,但不能这样胡乱跑出去。他觉得得有一个逃跑的计划,这样才能充分抓住逃跑的机会,不至于太盲目。他决定在大火吞没房屋之前,驾车逃离火海。

▼拉里有过消防经验,马上有了一个逃离这里的计划

他们迅速地打开房屋的前门,发现大火正在逐渐包围整座房子。情况万分危急。

外面的风很大,劳伦站立不稳,差点摔倒在地上。到处都是燃烧着的碎片,树木、电线、房屋,所有的一切仿佛都着了火,火光晃得人睁不开眼睛。火势凶猛,他们在几十米远的地方都能感觉到那股热浪,还有一种皮肤被灼烧的疼痛感。

"赶快上车!"拉里大声吼着。

这时,周围各种声音交杂在一起,让人听得异常烦躁。火烧物体发出的噼啪声,大风的呼啸声,各种动物逃窜的叫声,还有邻居们紧张的呼救声。所有的声音汇集在一起,震耳欲聋。即使是面对着面,也要大声地吼叫才可能听到对方的话。

他们挣扎着跑到车边,迅速上车,劳伦还不忘记带着和他们一起生活了几年的大狗。

拉里发动汽车,赶紧向外面奔去。马上就要逃离这片火海,劳伦揪着的心稍微放松了下来,她连一秒钟都不能忍受,恨不得立即飞离这可恶的火海。

就在汽车行驶到大门的时候,一面火墙横亘在了他们面前。肆虐的大火烧毁了门旁边的树木,断落的树干横躺在路的中央,还在熊熊燃烧。汽车不可能通过了。

"我们怎么办?"劳伦又紧张起来。逃离的希望破

▶突然一道火墙挡在了他们的汽车前面

灭了,她心里非常失落。

拉里意识到,出路已经被挡住,他们肯定逃不出去了。

### ▶▶▶ 退　回

"回到屋子里去!"拉里没有片刻犹豫,当机立断。

面对横亘在路上的火墙,汽车是没有可能飞出去的,强行通过会引发爆炸,带来更大的危险。拉里认为他们最好先返回屋子,再想别的办法。

"拉里,消防车什么时候来呢?"劳伦对逃出去还心存幻想,她认为消防人员会赶过来救助他们。

"他们不会来了。"拉里肯定地回答妻子。巨大的火墙挡住了通向他们家的唯一道路,任何消防车都无法进来营救。

认清这种形势后,劳伦害怕极了。"哦,天哪!我们必须得靠自己了,我们被彻底隔绝了。"她惊慌失措,无助地望向车外。

大火借助风势,还在四处蔓延。房子周围的树林,一片通红,仿佛烧开了的铁水。他们山谷的整个居住区都被大火围住了,火光冲天,浓烟滚滚。周围的小动物都发疯似的四处逃窜,来不及逃跑的已经葬身火海。

拉里调转车头,被迫返回了住所。周围的火势越来越猛,已经烧到了他们的房子边上。烟也很大,迷得

▲逃出去的路,已经堵死,两人变得失落

▼夫妻二人只好又调转方向,驶回公寓

人睁不开眼睛。燃烧着的碎片在头上乱飞，随时都有砸在人身上的可能。

劳伦在烟雾中慌张地跑着，东躲西藏。她觉得浑身被火烤的发痛，皮肤快被烤掉了。自己的头发似乎也已经烧着了，她都闻到了那种刺鼻的焦味。

"把狗带上！赶快进到房子里面去！"拉里发现了妻子的恐慌，他命令似的向妻子喊道。

听到丈夫的话，劳伦转身向游泳池的方向跑去，她认为泳池里装满了水，也许会对灭火起到一点作用。

"不，赶快到房子里去！"拉里制止了劳伦的行为，坚持让她躲到房间里去。

此时，拉里的消防经验发挥了作用。他知道发生火灾时，如果周围有避难所，应该快速进入，要想保住性命的话，就必须这样做。

劳伦拽着拴狗的绳索，跟随着拉里，迅速通过屋外的楼梯，穿过阳台，进入到房子的第二层。

### ▶▶▶ 搏 斗

"屋顶着火了！"劳伦惊呼到。刚折回到房间内，还没有来得及喘口气，劳伦突然发现窗外一片红光。她透过窗户一看，发现屋顶着火了。

◀此时，火已经越来越猛，烧到了房子边上

▶两人慌乱中冲向屋子

听到妻子的惊呼声，拉里发现火已经烧到了屋顶，但还不是很大。他打开屋顶的门，试图出去把火扑灭，可是根本就没法出去。大风把他们的头发吹得乱七八糟，空气中弥漫着灰尘、浓烟和碎片，所有的一切都在空中飞舞。这样救火，很可能会被掉落的碎片击中，或者被浓烟呛得窒息。于是，他返回房间，打算找一些能起到保护作用的衣服，像安全帽之类的，还要找些湿着的布料把鼻子和嘴捂住。

看着火苗一点点变大，独自留在屋顶的劳伦非常慌乱。她不能忍受，也不允许大火夺走她的房子，这是她和拉里的家。她下定决心要抗争下去，绝不会让火就这么烧下去，她要与大火进行斗争。

此时的劳伦几乎有点儿歇斯底里了。她返回屋子，抓了一个靠枕，开始胡乱挥舞着，用它使劲儿地扑火。"我不会让你夺走我的家的，我不会让你就这么毁了我的家。"劳伦大声嚷嚷着。她感觉就像是在和一只猛兽进行搏斗，而自己一定要战胜它。

轻盈的靠枕根本无法扑灭屋顶上燃烧着的火苗。火被扇动的反而越烧越旺。于是，劳伦抓起了旁边的一根水管。可是，由于在屋顶，再加上大火，水压不够，水

◀劳伦抓起一根水管去浇火焰

▶大火正朝身后的小山蔓延开去

管里的水少得可怜。尽管如此,她还是拖动着水管,用它去浇灭燃烧着的火焰。这也许起到了一点作用,火势居然慢慢减弱了。

这时,拉里已经找到了一些衣物。他返回屋顶,看见了让他吃惊的一幕。他看到妻子拿着水管在不停地灭火,而她的头上却什么也没有带。四周浓烟滚滚,她差不多都快窒息了,眼睛也好像在冒火一样。这真是太危险了!

"进来,赶快进来!你究竟在这里干什么!"拉里很不满妻子的莽撞,也很心疼她。他冲出来,把劳伦扶进了屋内。

大火还在燃烧着,似乎没有减弱的势头。拉里和劳伦都觉得逃不出去了,也许他们即将丧身火海。在山谷里幸福、平静的生活已经成为了记忆。

于是,劳伦坐下来,开始大声祈祷,尽量让自己镇定下来。丈夫也在她的旁边坐下来,搂紧她的肩膀,试图想安慰她,但又不知道说些什么。因为他的心里也开始感到害怕,这是一种孤独无助的绝望。

他们就这么坐在地毯上,等待着房屋在大火中燃烧,等待着玻璃在大火中慢慢融化,等待着一切化为灰烬。

▶▶▶ 平　安

"突然，大火不再像刚才那样凶猛了。火焰正在慢慢减弱，燃烧着的东西也开始慢慢减少，这太不可思议了。"凭借一个老消防员的经验，拉里感觉到了周围的变化。房间里似乎也没有刚才那种灼热感了。

他告诉妻子，火势减弱了。这让劳伦非常吃惊，因为她觉得他们已经没救了。他们急忙从地上爬起来，到窗边向外看去，发现大火正朝着他们身后的小山蔓延而去，而且越来越小。劳伦欣喜地叫了起来。

就在他们绝望祈祷的时候，大火居然绕过了他们的房子，就像走路时越过障碍物一般，这真是太不可思议了。

拉里又返回屋顶，扑灭还在燃烧着的火苗。然后，他又沿着房屋检查了一圈，没有发现任何险情。他们终于有救了！

他们想起了周围的邻居，不知道他们有没有受伤，房屋有没有烧坏。但由于天黑，根本看不清楚周围的情况，只能看到滚动着的浓烟，还有刺鼻的焦味。

第二天早上，他们早早就跑到外面，结果被眼前的景象惊呆了。他们周围变成了一片废墟，地上全是大火

◀大火居然绕过他们的房子，向别处烧去了

▶他们把屋子里仅存的火苗扑灭了

烧过后的灰烬，所有邻居的房子也都在大火中被烧成了灰烬。而他们，简直是太幸运了，幸运得不可思议，幸运得难以置信。

太阳升起来了，阳光洒在大地上。拉里和劳伦感慨万千，紧紧地抱在了一起。

▼第二天早上，当他们浑身狼狈地跑到屋外面，被外面的废墟景象惊呆了

### ▶▶▶ 重　建

"那里就像是被炸过一样，就像刚刚被扔了一颗原子弹。"火灾过后，山谷的情况让劳伦感到非常难过。

在这次火灾中，山谷中有四个邻居遇难，好几个人受伤。他们的房子也无一幸免，拉里家的房子受损最小，只烧毁了屋顶。大家的心里都罩上了一层阴霾。大火毁坏了他们的家园，也带走了往日的欢歌笑语。

周围一片狼藉，但他们并没有打算搬走。"因为我们爱那片山谷，我们爱它。"劳伦对劝他们搬家的人解释到。在山谷中生活了几年，他们已经深深地爱上了这里。

拉里去商店买了些涂料和蔬菜种子。他重新把被烟熏黑的房子粉刷了一遍，又找了一些木料，修葺了烧毁的屋顶。房子前面的菜园也被毁了，他已经种上了新的蔬菜，相信用不了多久就可以采摘了。

邻居们也慢慢从悲伤的情绪中走出

来，不再消极低沉，都开始在废墟上建造新的房屋。拉里每天都会去帮忙。经过一段时间的建设和修复，山谷已经开始慢慢恢复生机。

他们相信，山谷很快会回到以前的样子。整齐的别墅、漂亮的花园、奔跑的动物……

他们还将继续在这里生活。

## 如何应对？

大火失去控制，会给人们带来人身和财产上的深重灾难。如果你跟拉里夫妇一样，不幸在屋子里遭遇了火灾，可以试试以下办法：

A.火海逃生，你该如何应对？

　　a.突然面对浓烟和烈火，最主要的一点就是要保持镇静，否则你将无法冷静地思考问题。在这一点上，劳

▼漫山遍野都是大火燃烧后留下的灰烬

伦就没有做到。还有，最好和周围的人商量一下对策，决定逃生的办法。千万不要盲目地跟从人流和相互拥挤、乱冲乱窜。

b. 一般说，火灾初期烟少火小，只要迅速撤离，是能够安全逃生的。一旦听到火灾警报或意识到自己可能被烟火包围，千万不要迟疑，要立即跑出房间，设法脱险，不要因为贪恋钱财而丧失逃生良机。

c. 如果楼层已着火燃烧，但楼梯尚未烧断，火势并不十分猛烈时，你可以披上用水浸湿的衣物或被子，从楼上快速冲下来。

d. 现在多是多层建筑，如果来不及走楼梯逃离，可借助房屋的阳台、落水管或竹竿等滑下楼。千万不要急于跳楼，因为距地面太高，往下跳时容易造成重伤和死亡。只要有一线生机，就不要冒险跳楼。如果要冒险跳楼，做好是先把床垫子等厚物扔下去，或者自己裹上棉被、厚衣服，减少身体的冲击。

e. 发生火灾时，难免会浓烟滚滚，导致你视线不清、喘不过气来。这时，不要站立行走，应该迅速地爬在地面上或蹲着，因为烟气大多聚集在上部空间。最好用湿毛巾捂住嘴和鼻子，然后迅速寻找逃生路线。

▲如果有落水管也可以帮忙快点逃离火海

**B. 无法脱身，你该如何应对？**

a. 为避免发生爆炸，要迅速切断煤气总管，之后再想办法避难。

b. 尽最大所能去寻找庇护所。比如，赶快躲到屋子里去，最好是最里面的房间，以避免被玻璃碎渣或者坍塌的墙壁弄伤。

d/ 厄锗宰锏笕。史荸×莛鄫斯当消防员和毒物检验技师已有七年时间。她建议，要想保护房屋内部物品，首先要从关闭所有的门窗开始。如果某间屋子起火，关闭门窗就能使火势减缓。然后，将家里的浴缸和所有水池都灌满水，因为当大火扩散时，供水系统很可能会被切断，那么这些水就是唯一剩下的水源。一定要确保你的附近有一个水桶或者一个平底锅，如果某个房间起火，你就可以舀水去把火扑灭。

▲关闭门窗，避免屋子里的物品很快被大火吞噬掉

d. 为了防止燃屑和浓烟飞进屋内，一定要用栅木板阻断所有的通风孔，并关闭壁炉里的节气阀。如果窗户上有小的缝隙，烟火很可能会从这里吹进来，因此，你需要把一块毛巾打湿，卷起来堵住缝隙。门缝也要用湿毛巾、湿布堵塞，然后用水不停地淋湿房间内的一切可燃物，一直坚持到火熄灭。

e. 失火时会产生大量烟雾，很容易使人窒息中毒。这时候，毛巾可以暂时作为防毒面具使用。最好是把毛巾淋湿，并且要多折叠几层，捂住口鼻。要是身边没有毛巾，餐巾布、口罩、衣服也可以代替。

f. 被困火海，一定记得要尽快报警，孤军奋战是很难战胜火灾的。如果你的身边有电话、手机，可以拨打火警电话，告知你所处的具体位置。如果没有电话等通讯设备，也不要惊慌，白天可用色彩鲜艳的旗子或衣物摇晃，向外投掷物品，夜间可摇晃点着的打火机、划火柴、打开电灯、手电向外报警求援。

**C. 身上着火，你该如何应对？**

a. 火已经烧到身上，千万不要惊跑或者用手拍打，因为奔跑或者拍打会形成风，就像给炉子扇风一样，加速氧气的补充，身上的火只会越烧越旺。

b. 身上穿的衣服比较多，还没有伤到皮肤时，要迅速用力撕扯掉着火的外衣，以防烧伤。如果穿的衣服比较单薄或者来不及脱掉时，可以躺在地上来回滚动，压灭身上的火苗。要注意在地上滚动的速度不能快，否则火不容易压灭。

c. 要是在家中，可以把毯子、被子盖在身上，迅速趴在地上，隔绝空气，使火熄灭。如果身边正好有水，直接用水浇灭是最好的办法。但是，千万不能拿灭火器直接往身上喷射，这样可能会引起伤口感染。

◀▶浴缸和水池子要灌满水

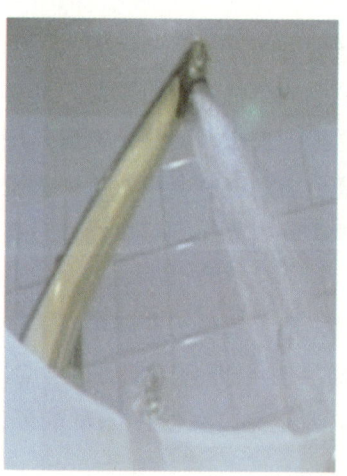

**你知道吗？**

**如何正确处理烧伤？**

你知道吗？烧伤根据严重程度，一般可分为三个等级。被烧伤后，如果处理不当，就可能导致新的伤害，增加医治的难度。那么，你要怎样正确地处理烧伤呢？

**引言**

你在驾驶汽车时,可能也遇到过出故障的问题。即使是最常见的汽车问题,也可能带来危险,导致爆炸,人身受伤。不幸遭遇了汽车爆炸,你该如何应对?

# 汽车起火

汽车方便了人们的生活,也会带来意想不到的灾难。比如汽车起火、电池爆炸等,都可能给人带来伤害。吉姆·贝克托尔德就有过类似的经历。他在修理熄火的汽车时,电池突然爆炸,化学液体溅入眼睛,几乎失明……

### ▶▶▶ 熄 火

"它发动不起来,讨厌的事又来了。我打开前车盖,以为是一个连接电池的接线口脏了。我检查了一下,它是干净的。"吉姆回忆起受伤前的情况。

吉姆是一名司机,他有一辆自己的敞篷小货车,平时的工作就是为一家小饭馆送外卖。吉姆为人忠厚老实,餐馆老板对他做的工作非常满意,答应下个月就给他涨薪水。这让吉姆非常高兴,增加的薪水可以更好地改善家里的生活。

他现在有一个幸福的四口之家:贤惠的妻子,帅气的儿子,还有可爱的女儿。吉姆每天最开心的事

▼吉姆的货车绕过小道,很快到目的地了,路旁是修剪整齐的草坪

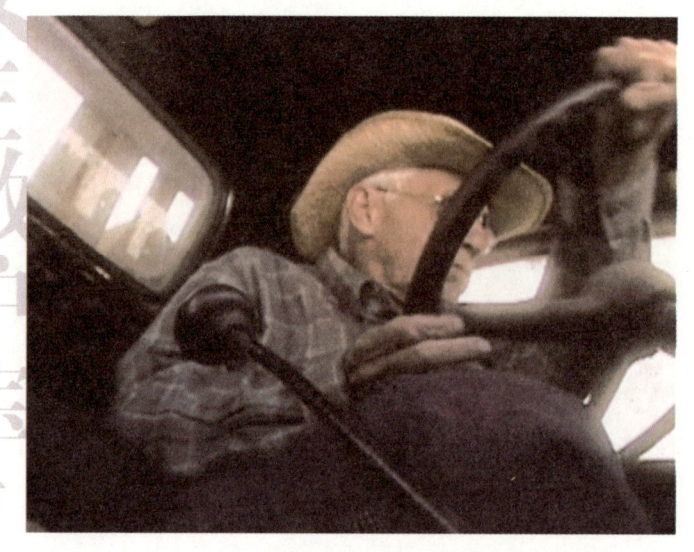

情,就是回家后听到女儿在他怀里喊"爸爸、爸爸",这会帮他消除一天的疲劳,吉姆非常满意现在的生活。

这天和往常一样,吉姆上午来到餐馆,帮着干了一些杂活。其实,那并不是他的工作,但是吉姆总是闲不住。

中午送外卖的时间到了。他把盒饭搬上小货车,哼着小调出发了。

天很晴朗,吉米的心情也不错。他听着广播,行驶在每天必经的道路上。广播里正在播放一个谈话节目,主持人的语言很幽默,吉姆忍不住还笑出了声音。

货车转过弯,上了一条小道,很快就到目的地了。这是一条有些偏僻的道路,平时经过的人不是很多,所以很安静,路的两边都是修剪整齐的草地。突然,不知道什么原因,车停住了。

"哦,讨厌!"吉姆对车子突然熄火,感到很恼火。他又试着发动了几次,还是没有任何反应。

这是怎么回事?吉姆的心里充满疑问。他的小货车平时很少出故障,更是从来没有出现过半路熄火的情况。他从车里拿了个扳手,跳下驾驶座,想检查一下是什么故障。

打开货车的前盖,吉姆认真检查着,但是没有查出什么问题。他觉得也许是连接电池的接线口脏了,于是又检查了一遍——它是干净的。这让他很焦急,眼看就要到地方,汽车却发动不起来。

吉姆又用扳手扭动螺丝,检查别的地方,不小心擦出了火花。但他十分大意,火花并没有引起他的注意。

他怎么也想不到,就是这小小的火花,即将给他带来巨大的伤害。

▶▶▶ 爆 炸

"一声长而尖的爆破像巨大的压力得到了释放,躲已经来不及了。"吉姆显然是对爆炸毫无预料,没有任何的防备。

就在吉米打开车盖检查的时候,他的汽车蓄电池正在释放出一种可燃的气体——氢气,它遇到火星就会引发爆炸。但氢气无色无味,吉姆并没有意识到这一点。以前遇到一点小故障,都是打开车盖检查,基本上自己修理一下就排除了。吉姆认为这次也是一样。

▼蓄电池爆炸,车子起火,歪向一旁,货物全都掉到了地上

汽车的蓄电池上都醒目地标示着：易爆。吉姆也知道这一点。但他从来没有见过电池爆炸的情况，所以对这个根本没有放在心上。对他而言，那些字是可以忽略的。他做梦都不会想到，这种很少遇到的事情，今天竟然会发生在自己的身上。

扳手拧动螺丝时擦出的火花，引燃了车盖下聚集的氢气。接着，蓄电池爆炸了！

爆炸声长而尖锐，就像是猎枪的声音，吉姆距离电池只有几十厘米，可以说是近在咫尺。在他听来，这个声音非常奇怪，简直要震爆他的耳膜。

车子里面冒起了浓烟，线路也被烧坏了，但吉姆根本顾不上这些了。

爆破的电池就像是高压水枪，电池碎片飞溅而出，里面的酸液径直全都溅到了吉姆的脸上和眼睛里。由于刚才吉姆半截身子都在汽车前盖下面，面对突然发生的变故，他根本来不及躲闪，被伤了个正着。

"哦，不，天哪！"吉姆大叫着，声音中充满恐惧

▼蓄电池爆炸，车子起火，歪向一旁，货物全都掉到了地上

和痛苦。

他扔掉扳手，双手捂住眼睛，大声尖叫着。疼痛使他连接后退了几步，撞到了正支着的前车盖子上。突然的冲撞又让他左右扭动，打了几个踉跄，摔倒在了旁边的草地上。

灾难来得太突然了，只是一瞬间的事情！

▶▶▶ 眼 伤

"我的眼睛！我的眼睛！"吉姆大叫着。他感到眼睛非常地痛，痛得让他喘不过气来。

电池酸液中含有大量的重金属，会损害人的神经系统，对人体的危害极大。吉姆捂着脸，躺在地上，大声地喊叫着。

"天哪，来人啊！"吉姆希望有人能听见他的叫声，或者看见他，然后帮助他。

他觉得眼睛火辣辣的，非常痛，就好像有人把沙子撒到了眼睛里面那样。不，比那还要严重一百倍。吉姆从来没有遭受过这种痛苦。

他疼得在地上滚来滚去，但这无济于事，疼痛反而在加剧，这让他感到非常害怕。他的眼睛根本就睁不开，看不清周围的一切。

吉姆滚动了一会，开始跪在地上，

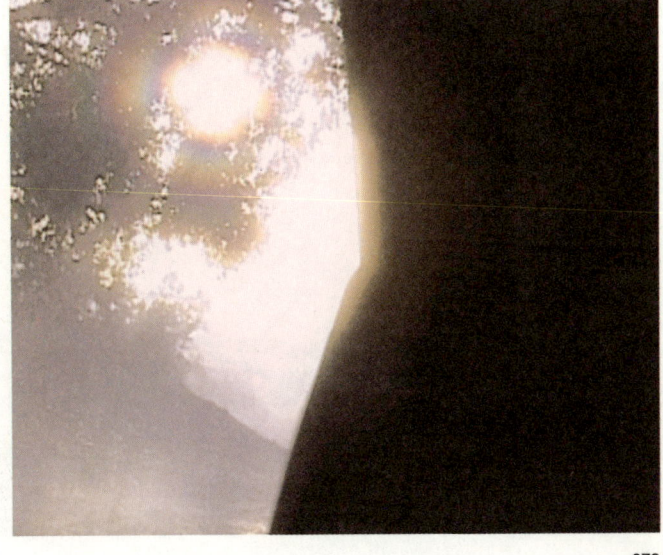
▼阳光迷蒙地照进吉姆疼痛的眼睛里

头顶着草地，双手捂住眼睛，不停地呻吟着。这种钻心的疼痛没有人能够忍受得了。就像是直接把一杯滚烫的热水泼在了脸上和眼睛里，脸上似乎就要脱掉一层皮了。

由于睁不开眼睛，周围一片漆黑，仿佛一下子从天堂跌到了地狱。还没有人过来帮助他，吉姆失落到了极点。他觉得自己也许从此要失明，再也看不见东西了。还有，他的脸也许已经被酸液毁容了。

要是自己失明了，就再也看不到小女儿的笑脸，再也看不到她扑向自己时的高兴劲，也看不到女儿的成长，长高了还是长漂亮了，所有的一切都看不见了，这种生活就像是掉进了万丈深渊，是吉姆不能忍受的。还有，如果毁容，自己狰狞的面孔会不会吓坏女儿。吉姆不敢往下想。他觉得要是以后的生活是这样子的，那将比现在的遭遇更痛苦，简直是生不如死。

吉姆不想以后的日子在黑暗中度过。他才到中年，还很年轻，女儿还小，他以后的生活还长久着呢，漆黑的生活会让他窒息。

他是一名虔诚的教徒，现在却不明白为什么上帝要这样对待自己，让他忍受这份痛苦

"来人哪，救命啊！"吉姆大声呼喊着，他渴望有

◀ 约翰看到了前面起火的汽车

▶ 汽车上的火越来越大

人过来帮助他，他也非常坚信有人能够发现他。

吉姆在心中期待着，希望拯救自己的人尽快出现，否则后果不堪设想。

▶▶▶ 急 救

"我以前从没见过他，不知道他是谁。但有人愿意帮你，你必须信任他。"吉姆的呼喊引起了别人的注意，有人过来救他了。

▲吉恩和约翰的车朝着吉姆的方向驶来

过来帮助吉姆的，是吉恩和约翰夫妇。吉姆的汽车爆炸时，他们正在开车，确切地说是迷路了。他们打算去朋友家做客，但因为长时间没有联系，路况不是很熟悉，走到吉姆受伤的附近竟然迷了路。夫妻两人已经在这儿转了很久，还是没有理清头绪。

当时，是妻子在开车，吉恩还在查看地图，试图找到正确的路线。吉恩边看地图边对照路边的路标，他注意到，一个年轻人在转动扳手，修理卡车，整个上半身都钻进了车前盖的下面。

就在他们从卡车旁边经过时，听到"砰"的一声。吉恩回头望去，发现年轻人开始左右扭动，大叫着倒在了地上，疼得直打滚，然后脸朝下趴在地上。吉恩意识到这个年轻人受伤了，需要帮助。

他让妻子在路边把车停下，解开安全带，抓起一条毛巾，打开车门就跳了下去。他跑到吉姆旁边，发现吉姆一直在叫喊，可能是太疼了。

"嗨,你怎么了?"吉恩连忙蹲下来,关切地问道。

"电池爆炸了,溅到了脸上。"吉姆疼痛难忍,趴在地上,双手捂着脸,身体不停地抖动着,就连声音都是颤抖的。

"年轻人,别紧张,我们会尽力帮助你的。"吉恩扶着吉姆的头和肩膀,轻轻地把吉姆的身体翻过来。他发现吉姆的脸和脖子都通红,可能是被电池酸液刺激的,这需要紧急处理。

吉恩环顾四周,想找到一些有用的东西。他发现不远处的地上有一条浇灌草地的橡胶软管,赶紧把管子拽过来,跑过去打开水龙头,打算用水直接冲洗掉吉姆脸上、眼睛里的酸液。

这时,约翰也关好车门,跑了过来。她被吉姆痛苦的状况吓了一大跳。"哦,天哪!怎么回事啊?"

"打急救电话,快!"吉恩发现妻子跑了过来,就让她赶快去报警,因为他并不具备医护的能力,现在的处理可能只是会缓解吉姆的痛苦。

吉恩拿着水管,开始冲洗吉姆的脸部。

吉姆显然还不能适应水的冲洗。"啊,啊!"他还是双手捂着脸,不停地大叫着,身体在地上扭来扭去。

吉恩扶着他的肩膀,不停地安慰吉姆:"你会没事的,

▶约翰靠近汽车去救人

你会没事的。"边安慰边用水继续冲洗着他的脸和眼睛。

"不要把眼睛睁开。"吉恩发现吉姆试图睁开眼睛，似乎想看清楚自己的处境。

吉姆一直担心自己失明，害怕到了极点。他知道自己并不认识这个帮助他的人，但是必须对施助者完全信任，因为现在只有这个人才是自己的救命稻草。

由于溅到脸上的酸液太多，伤得比较严重，吉恩花了很长时间才清洗完半边脸。他让吉姆转身躺倒另一侧，以方便冲洗另外一边。吉姆已经不再在地上痛苦地挣扎、滚动，他非常积极地配合着吉恩的要求。

冲洗掉脸上和眼睛里的酸液后，吉恩发现吉姆的T恤衫上还有很多酸液，也必须尽快脱下来。但是，在把它从头上脱下来之前，必须用水冲一冲，把酸液冲淡，以免再沾到脸上或眼睛里。于是，吉姆先把T恤浇湿，稀释了酸液，然后从他头顶上把它拉下来，接着又用水冲洗他的上身，试图冲掉上面的残液。

吉姆的表情还是非常痛苦。

"没事的，没事的。我想你会好起来的，我肯定。"

◀汽车的蓄电池还在燃烧着

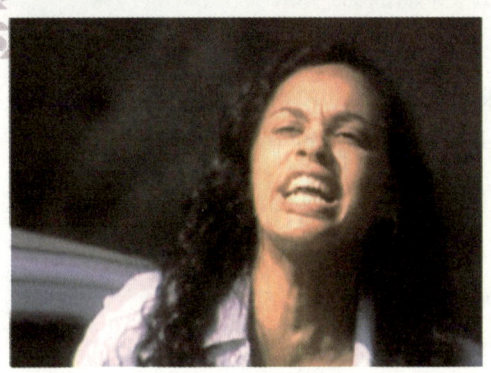

吉恩已经尽到了自己最大的努力。现在只能一直安慰他,尽力让他放松心情。

几分钟后,医护人员赶到了。他们检查了吉姆的伤势,然后用纱布包住吉姆的眼睛,把他送到医院,进行专业的治疗和护理。

在医院里,医生告诉吉姆,如果不是吉恩的紧急处理,他很可能会失明。幸运的是,吉姆遇到了吉恩,成功地逃过了这一劫。

吉姆在医院治疗了两天,就出院回家了。走到家门口时,他看到了小女儿迎接他的笑容。对吉姆来说,那是世界上最甜美的笑容。

▲吉恩使劲地把压在车厢旁边的吉姆扣出来
■约翰在催促丈夫他们赶紧离开现场

▶▶▶ 天　意

"我没戴眼镜或别的什么东西。我可以很好地看各种事物。我觉得,我是世界上最幸运的人。"吉姆微笑地说着,脸上流露出无法掩饰的幸福。

▼就在他们刚刚逃离着火的现场,货车就爆炸了

在家里休息了几天,吉姆把车送到修理公司修好,开车特意去吉恩的家中,感谢他们对自己的紧急救助。

"如果不是你,现在我可能早就已经变成一个瞎子了。"吉姆仍然记得自己当时难以忍受的痛苦,是吉恩夫妇的出现让自己看到了希望。

"我知道你会得到专业的护理,而我尽我所能做到的就好了。"吉恩觉得自己已经尽了最大的努力,他对吉姆的康复也感到由衷地高兴。

那天,他们谈的非常开心。不仅谈到了当时的情形,还谈到了他们的喜好、他们的家庭,以及吉姆可爱的宝贝女儿。吉姆觉得吉恩是自己的福星,盛情邀请吉恩一家去他家做客。吉恩夫妇很高兴地答应了吉姆的邀请。

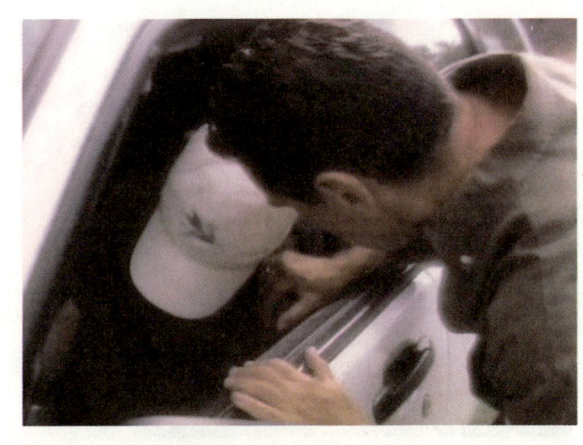

▲唤醒司机,逃离现场

直到今天,吉姆还一直觉得,他似乎是得到了神灵的庇佑。本来吉恩和妻子是应该去别的地方,但他们却迷了路,没想到竟然阴错阳差地救了吉姆。

他们两家人现在已经成了非常要好的朋友。这也许就是天意,把素不相识的两家人联系在了一起。

## 如何应对?

驾驶汽车时,会遇到各种烦心的汽车故障,可能会给你带来意想不到的伤害。如果你也和吉姆一样,遭遇汽车起火、爆炸,不妨试试以下几种办法:

A.起火爆炸,你该如何应对?

　　a.勤做检查和护理。汽车起火起码要有两个条件:易燃品和火源,而大部分火源都是可以控制的。司机在平时要谨慎小心,勤做汽车的检查和护理,及早排除故障,防

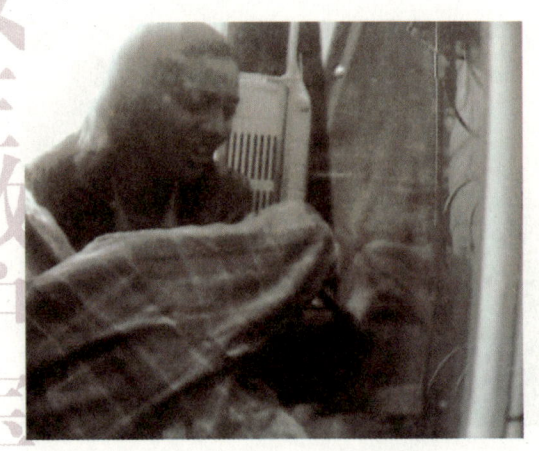
▲ 火速离开起火现场

患于未然，从而降低起火和爆炸的机率。

b. 一定要沉着冷静，切勿惊慌。如果你正在车上，应马上停车熄火切断油路，关闭油箱开关，迅速离开驾驶室，因为驾驶室都是易燃品。如果车门打不开，可以通过挡风玻璃处逃离。

c. 起火范围比较小时，比如发动机起火，首先要切断电源，然后取下随车的灭火器，对准着火部位的火焰猛喷，直到火焰熄灭。记住，一定要充分利用随车的灭火器。如果火势很大，则要远离汽车，首先保证自己的人身安全，再想办法灭火。

d. 车辆发生爆炸的机率很小。一旦发生爆炸，要迅速离开爆炸危险区。如果来不及逃离，应就地卧倒，尽量选择爆炸物飞不进去的死角躲避，如凹地、障碍物后面等，不要使身体暴露在危险的空间里，以免被爆炸的碎片划伤。

B. 身体受伤，你该如何应对？

a. 汽车电池爆炸时，不幸被电池中的液体击中，一定要第一时间用清水清理。因为这类液体的腐蚀极大，如果不幸溅入眼睛，还可能严重损伤角膜，快速向眼深部渗透，严重者可能导致失明。如果你经常在路上行驶，不妨在车中放几瓶灌装水，也许会在紧急时刻帮助到你。实际上，汽车电池并不是唯一含有危险化学成分的东西。很多家庭日用品都很危险，比如洗衣粉、洁厕剂，还有漂白粉。记住，如果你把化学物质弄到了眼睛或皮肤上，一定要用水冲，至少要冲十分钟。

b. 处理眼睛问题时，你还可以试试纸杯等物品，对你也会起到一些帮助。在冲洗之后用纸杯盖住眼睛。它很管用，只要拿着底部，把它扣在眼睛上就可以。这样你就不会去揉眼睛了，避免引起进一步的伤害。

　　c.如果身体受到其他伤害，比如流血，一定不要紧张害怕，要忍住伤痛，就地进行紧急的处理。可以从衣服上撕扯一布条，简单包扎，以避免流血过多而休克。千万不要小瞧这些粗糙、简单的处理，它会大大增加你的自愈机率。

**C.寻求救助，你该如何应对？**

　　a.牢记火警电话和急救电话。条件允许，要及时打电话求助，详细明了地说明事故发生的地点以及你的状况，以便救护人员准备针对性的急救。

　　b.如果你的身边没有电话，可以寻求附近人的帮助。这时，你可以大声的呼救，就像吉姆做得那样，或者使劲挥舞自己的手臂，引起别人的注意，增加自己获救的机会。

　　c.要是受伤很严重，已经没有体力进行呼救，也不要藏在隐蔽的地方，这样别人可能发现不了你，就可能延误救治。这时，你最好等爆炸过后，爬到路边或有路人经过的地方，要积极创造被别人发现的条件，然后才可能得到救助。

▲救人的时候，一定要注意姿势，避免伤势加重

# 闪电击人

> **引言**
> 你的家人和朋友在湖边度假,都玩得非常开心。突然,乌云密布,一道闪电击中了你的儿子,他失去了呼吸和心跳。面对这突如其来的巨大灾难,你该如何应对?

人们说某件事情几乎不可能时,常常用遭到雷击的机率来形容。其实,被闪电击中的例子远比你想象得多。据专家说,一个人一生遭遇雷击的机率是1/3000。每年有75到100人被雷电夺去生命。美国阿拉巴马州的布拉德利就遭遇了这种恶劣的天气。他在湖边度假时被雷电击中,生死不明……

▶▶▶ 度 假

"在这里玩很好。"辛迪愉快地对丈夫和孩子们说。他们正在开心地聊天。

这是8月份的一天,丹尼斯一家邀请他们的亲友吉姆、妻子辛迪和儿子布拉德利到他们位于外斯湖边的小屋度假。因为夏天很快就要过去

▶ 美丽的外斯湖

了，大人们打算让孩子再开开心心地玩一次水上摩托车，算是告别夏天的方式。因此，去湖上游玩是他们这次度假的主要活动。

天气晴朗，阳光明媚。吉姆一家早早就来到了湖边。莫娜·丹尼斯和吉姆是表兄妹，两家的关系一直很好。她的儿子安德鲁和吉姆的儿子布拉德利同龄，两个人从小一起长大，经常在一起玩耍，现在还在一个学校读书，可以说他们是非常要好的伙伴。一碰到一起，两个孩子就兴奋地在湖边的草地上追逐起来。

由于上午湖水还有些凉，他们决定先到湖边的树林里散一下步。树林里的空气很清新，景色也非常漂亮，盛开着一些说不出名字的小花。布拉德利甚至还抓到了一只小青蛙，惹得安德鲁一只追他，想抢过来自己玩耍。

不知不觉已经接近中午，他们返回小屋，想休息一下，吃点东西。

"你看见我跑得有多快了吗？"布拉德利问他的好朋友，语气中充满着炫耀。

"是的，是的。"安德鲁承认他跑得比自己快，否则那只小青蛙现在已经是自己的了。

辛迪和丈夫也在愉悦地聊着天，她发现两个孩子一

▲两家人开心地聊着天

▼此时的天空一片晴朗

◀布拉德利和安德鲁走向通往水上摩托的木筏道上

▶大人们依然在岸边聊着天,没太注意两个孩子的行动

刻也安静不下来,即使是坐在凳子上,也还是扭来晃去,男孩子顽皮的天性暴露无遗。

"你玩得开心吗?"辛迪抚摸着儿子的头,笑着问。

"是的。"布拉德利的回答非常简略。他正在和安德鲁说着他们自己的话题,不想让妈妈打断他们。

"为大家准备的巧克力曲奇饼。"莫娜从屋子里面出来,为大家准备好了点心。

看到妈妈过来,安德鲁连忙让了个位子。其实他早就坐不住了,一刻也不想坐在桌子边上,他的心早飞到了水面上。他不停地向布拉德利传递着眼色。

"我们现在就去。"布拉德利边说边站了起来。

"耶,耶,耶!"安德鲁早已经迫不及待了。

莫娜不明情况,她连忙问布拉德利,想知道他们要去哪里。得知他们要去玩水上摩托车后,她只叮嘱了一句,让他们注意安全,然后就在桌子旁边坐了下来。

"你不该让孩子们现在就去玩水上摩托车。"辛迪对他们单独去玩非常不放心,她显然比莫娜谨慎许多。

"别担心。"莫娜安慰她。因为这又不是孩子们第一次在水面上玩,她觉得没有什么可担心的。

他们继续品尝着点心,享受着美好的湖边生活。谁都不会想到,一场可怕的灾难即将降临。

### ▶▶▶ 雷 击

"看这些云,暴风雨要来了。"突然,莫娜发现远处出现了大片的乌云,她知道情况有些不妙。

尽管乌云看上去离湖边很远,就像是远在天边的地平线上,大人们还是有些担心。他们知道,夏天时,南方的天气说变就变,根本不会给你准备的时间。没有听到雷声,也没有看到闪电,没有任何迹象,暴风雨就突然来了。在阿拉巴马,这种情况经常有。

"布拉德利,安德鲁,回来吧。暴风雨就要来了!"莫娜发现孩子们已经走到了通往湖中的木栈道上,急忙大声喊着,让他们赶快返回来。

"丹尼斯夫人,只是一点云彩。"布拉德利显然不想遵从莫娜阿姨的话。

尽管他们已经发现了天边的乌云,但是并不想让这个破坏了他们的好兴致。刚才,俩人好不容易换上救生衣,捆系好,还没有来得及下水呢。要是就这样折回去,是多么扫兴的一件事情啊。并且,湖上现在就有人在玩摩托车,似乎根本就没有要躲避的意思。干吗他们要立刻回去呢,他们想不通。

◀▶两人兴奋地换好救生衣,捆系好

"快回来,不要顶嘴!"莫娜的语气非常坚决,没有任何商量的余地。

可恶的天气!两个人心中非常失落。刚才换衣服的时候,还说好要比试一下,看看谁开的更快呢。布拉德利每次都会比安德鲁稍快一些,这让安德鲁非常郁闷。平时和妈妈在湖边玩的时候,他经常自己下水去玩摩托车。他觉得经过了一个夏天的练习,自己这次一定会打败布拉德利,这是他心中一直惦记着的事情。可是现在,就因为那几片乌云,就要让他们返回去,真是太可恶了。

尽管极其不情愿,但是莫娜的话就像是命令似的,必须得执行。两个人低着头,慢吞吞地往回走。

走到栈道的木桩子旁边,安德鲁撅着嘴,脱下刚才穿好的救生衣,放在了上面。布拉德利也紧跟着脱下衣服,放在上面。两个人把随身的衣服放在了湖边的草地上,现在只能光着上身了。

就在安德鲁抬起一只脚,转身往回走的时候,一道闪电透过乌云劈了下来,亮光划破了天空的阴暗。

紧接着,只听到"轰隆"一声,就像是大炮发射一样,震耳欲聋,这是莫娜听到过得最大的声音。他们看见孩子们被闪电击中,倒在了木栈道上。

◀突然闪电袭来,布拉德利和安德鲁瞬间就躺在了木筏道上

▶岸边的大人们也意识到了惊人的雷闪,转眼看到两个倒在木筏道上的孩子,惊呆了

"哦，天哪！"

"哦，天哪！"

莫娜和辛迪都不相信眼前的场面，她们惊呼着朝孩子们跑去。

"安德鲁！安德鲁！安德鲁！"莫娜边跑边喊着儿子的名字，她觉得自己快要哭出来了。

"布拉德利！布拉德利！布拉德利！"辛迪也大叫着，恨不得一步飞到儿子的身边。

这一切都发生的太突然了！

### ▶▶▶ 昏 死

"他没有呼吸了！哦，天哪！他死了！他死了！"辛迪惊恐地叫着，她不相信这是真的，一定是自己在做梦。

两个焦急万分的母亲以最快的速度跑到孩子们的跟前，发现情况远比他们想象的要糟糕。

"安德鲁！安德鲁！"莫娜跪在地上，搂着儿子，大声地叫着儿子的名字。她以为儿子已经死了，不停地摇晃着儿子的肩膀，试图把儿子唤醒。此刻，莫娜懊悔到了极点，她觉得真不应该让儿子独自去玩摩托车。

▲两个母亲疯狂地冲向孩子

其实，安德鲁只是昏迷了过去。在妈妈的叫声中，他慢慢醒了过来。看到儿子睁开了眼睛，莫娜欣喜万分，一把搂住了他。

安德鲁觉得自己就像从睡梦中醒来了一样，感觉整

087

个世界都在旋转,他也在旋转,非常眩晕。他看到了妈妈,她的眼睛里满是泪水,他不明白自己发生什么事情了。

大约过了一分钟,安德鲁稍微清醒了。他闻到一股烧焦的味道,就像水上摩托车过热,或者爆炸之类的散发出来的味道。然后,他看到了躺在旁边的布拉德利,意识到布拉德利脖子上的项链溶化断了,又凝结在了一起。

"哦,天哪!我们刚才被闪电击中了。"安德鲁叫了出来。

庆幸的是,安德鲁只是受了点轻伤。布拉德利看起来伤得很严重,脖子上的皮肤已经烧红,项链下面还起了水泡。他好像是死了一样,所有人都很害怕。

辛迪坐在地上,一直在呼喊着布拉德利的名字。她发现儿子没有知觉,也没有呼吸。她大声哭喊着,不相信儿子就这样死了。

"布拉德利!布拉德利!哦,天哪!他死了!"辛迪伤心欲绝。任由妈妈如何呼唤,布拉德利也没有任何的反应。

所有的人都围在布拉德利的身边,大家都很伤心,也很着急,不知道该怎么办。几分钟前还是一个活蹦乱

◀安德鲁一动不动地躺在那,急坏了母亲莫娜

▶布拉德利受伤更加严重,脖子上的项链都被化掉又凝结

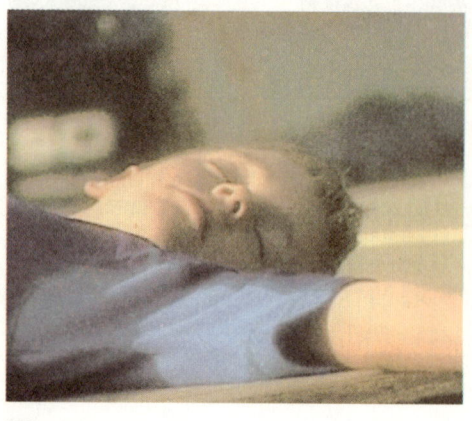
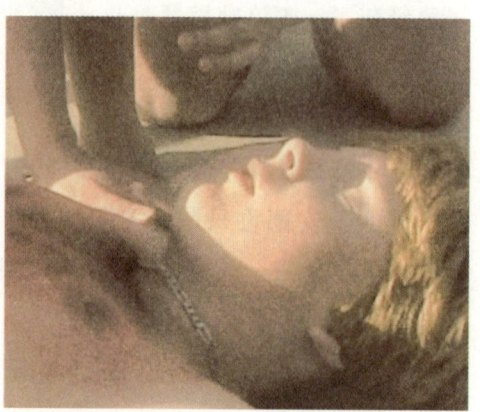

跳的小伙子，现在却静悄悄地躺在这里。

这真的是太残忍了！

▶▶▶ 急　救

"我来做人工呼吸。你来压他的心脏。快！1, 2, 3 ……"莫娜觉得自己此刻反而有些冷静，她要依靠自己的能力来救活布拉德利。她需要布拉德利的爸爸在旁边协助她。

▲几个人焦急地想着该如何救两个孩子

由于这里是私人度假区，平时人烟稀少，只有寥寥几户家庭会过来度假。所以，周围根本就没有急救人员，只有他们的家人和朋友。没有人会立即过来帮忙抢救布拉德利。莫娜拨打了医院的急救电话，但救护车要过一段时间才能赶得过来。

难道布拉德利就这样死去了吗？安德鲁不能接受这样的现实，太让人伤心了。看到自己的玩伴躺在地上，没有呼吸，他却给不了任何帮助。安德鲁从地上站起来，扶着木桩子哭了起来。

突然，莫娜想起了2个月前她刚上的一节课，那是关于心肺复苏术的。她没想到现在会用上这些知识。也许，她可以靠这些知识来挽救一个男孩的生命。可是她感到非常紧张和害怕，因为她以前从来没有做过这个。她还是有些犹豫。

这时的辛迪已经失去了冷静和理智。"哦，天哪！他的脉搏没有了！他死了！他死了！"辛迪歇斯底里地哭喊着。

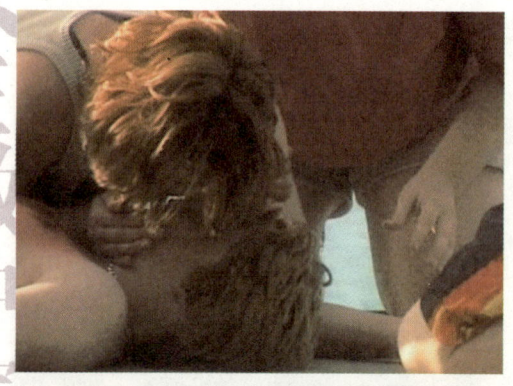

▲辛迪伤心地哭着,莫娜冷静下来,开始给布拉德利做人工呼吸

情况紧急,已经由不得莫娜有半分犹豫。

"我们来给做他人工呼吸。"莫娜冷静地说,她不知道自己是哪里来的一股子勇气,可能是因为她太爱布拉德利了。要知道,莫娜可是一个感性的人,特别是对待孩子们的事情,她更是无法控制自己的感情。而现在,她表现出来的冷静和理智,简直是太不可思议了。

"你来压他的心脏。快!1,2,3……"莫娜指挥旁边束手无策的吉姆。

她跪在布拉德利的头边,一只手捏住他的下巴,另一只手捏住他的鼻子,将空气吹进他的嘴里,然后仔细观察他的反应。遗憾的是,重复做了很多这样的动作,布拉德利仍是毫无反应。

他的妈妈因为担心失去儿子而变得惊慌失措。她大声地喊着他的名字,他还是没有反应。她哭喊着,尖叫着,完全疯掉了。

"哦,天哪!哦,布拉德利!"辛迪已经控制不了自己的情绪,不住地在旁边大哭。

"走开,辛迪,求求你!"莫娜担心自己也要疯掉。

莫娜和吉姆跪在地上,继续为布拉德利做人工呼吸。莫娜在心里喊着:"布拉德利!布拉德利!快,把我给你的空气吸进去。"她恨不得代替他呼吸。她的脑子里现在只想着一件事,注意力全在布拉德利身上。

安德鲁站在旁边,也万分紧张。他不停地祈祷,祈祷布拉德利恢复呼吸,睁开眼睛。他渴望以后还能继续在一起玩耍。

辛迪意识到哭喊并不能帮助到孩子,她慢慢平静了下来,走到了安德鲁旁边,也开始为儿子祈祷。

时间一分一秒地过去了,大家都在等待奇迹的出现。

▶▶▶ 苏 醒

"他开始呼吸了。他的心脏开始跳动了,他的心脏开始跳动了。啊,太好了!"莫娜最先发现了布拉德利的反应,她大声叫了起来,感到非常惊喜。

▲大家在向上天祈祷

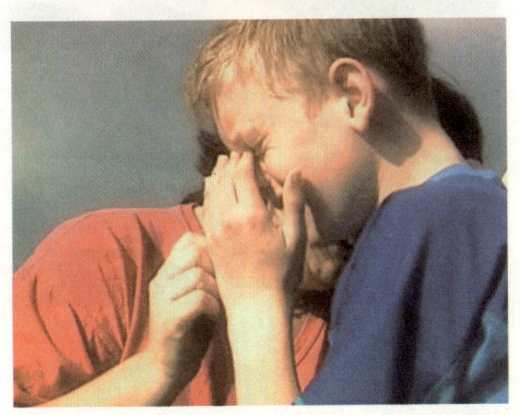
▼旁边的安德鲁也泣不成声

其实,莫娜的心里对于布拉德利能不能恢复心跳和呼吸,也没有底。但她下决心一定要尽自己最大的努力挽救他。两分钟过去了,三分钟,四分钟,布拉德利仍然没有反应。五分钟之后,奇迹终于出现了。

也许是他们的执著感动了上帝,上帝帮助他们了。功夫不负有心人,莫娜对他恢复心跳感到非常欣慰。

"哦,布拉德利!"辛迪跪在儿子身边,轻声喊着他的名字。但是,他并没有任何的回应,这让辛迪的心又揪了起来。

"布拉德利?"莫娜也重复着

他的名字,希望能够得到他的回答。

他们又变得很焦急,围着他,不停地喊他的名字,抚摸他,他都没有任何回应。唯一让人欣慰的是,他的胸部在上下起伏,鼻子里也有了微弱的气息。

莫娜意识到,布拉德利虽然有了一些生命的体征,但是还没有完全脱离危险。因为他还没有恢复知觉,对周围发生的一切还毫无反应。

过了一段时间,医护人员赶到了。他们迅速把布拉德利抬进救护车,拉回医院作进一步的治疗。

在去医院的路上,布拉德利恢复了知觉,但仍然没有脱离危险。他闭着眼睛,不停地尖叫着,似乎受到了很大的惊吓。安德鲁很担心自己的朋友,他不停地祈祷,希望自己的朋友好起来,不要再昏迷和尖叫。

当他们到达医院的时候,布拉德利醒了过来,并且开口说话了。但他的声音含糊不清,古里古怪的,好像不是他发出来的,和原来完全不一样。这让大家非常疑惑。

▼救护车总算来了

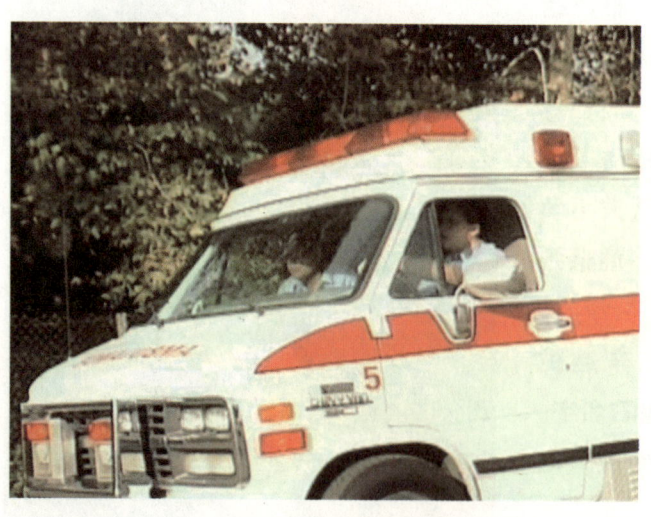

医生们认真检查了布拉德利的伤势,对他做了紧急的治疗。24小时后,他脱离危险,恢复了所有的感觉。

在医院治疗了一个星期,他又回到了学校。令人惊讶的是,除了闪电留下的灼伤,他没有任何内伤。

他真的太幸运了!

### ▶▶▶ 失 忆

"我和他爸爸一直守在他的身边。我们面面相觑，因为布拉德利不知道我们是谁，也不知道自己身在何处。"

回忆起布拉德利醒过来时的情形，辛迪还是充满着种种疑惑，她不明白儿子为什么会有这些反应。她当时以为儿子被闪电烧傻了，心里非常紧张。医生仔细检查了他的身体，确定他的头部并没有受到伤害，可能只是出现了短暂的失忆。这让辛迪稍感欣慰。

回家后，布拉德利根本不记得自己被闪电击中过，也不记得莫娜阿姨给他做过人工呼吸。仿佛这一切根本没有在他的生命中出现过。还是安德鲁告诉了他这一切，他非常感谢莫娜阿姨。

"莫娜是布拉德利的守护天使。这一点毫无疑问。我们都非常爱她。"辛迪也很感激莫娜，是她把儿子重新带回了自己的身边。

▲这事之后，辛迪对生命充满了感激

▼布拉德利又开始玩篮球了

现在，布拉德利又变回了以前那个活蹦乱跳、快乐阳光的小伙子，他还是和安德鲁一起打球，一起上学。他的生活还是和以前一样，雷击并没有给他的心理造成任何伤害，因为这些没有给他留下一丝记忆。

## 如何应对？

闪电是自然界最不同寻常的现象之一。它的来临没有任何征兆，但伤害力极大。美国每年都有七百多人被闪电所伤。如果你也遭遇了这种恶劣的天气，不妨试试以下求生办法：

A.建筑物内，你该如何应对？

  a.要注意关闭门窗。对钢筋水泥框架结构的建筑物来说，大多数雷电会沿建筑物的烟囱、窗户、门进入室内。关闭门窗可以阻断雷电侵入的路径，减低被雷击的危险。

  b.不要站在阳台、平台和屋顶上。雷电都会先到达地面的最高点。如果发生雷电时，你在建筑物的顶部，无疑

▼天空强烈的闪电

是把自己暴露在了雷电下面，被击中是在所难免的事情了。

　　c. 切断屋内的电源，拔掉所有插头，避免引起火灾或者爆炸。尤其是不要看电视或者打电话，这是非常危险的。很多人都会忽略这一点，以至受到伤害。

　　d. 尽量坐在干燥的、可作为绝缘材料的物体上面，不要用手、脚触地，那样可能会传导雷电。还有，要远离金属类管道，如煤气、自来水管道，等等。

## B. 身处室外，你该如何应对？

　　a. 发现闪电后，一定要尽快躲避，因为它在16.1千米外就能伤到人。在乔治亚州，一位母亲在观看儿子参加的棒球比赛。她注意到远处出现了一道闪电，但此时天空蔚蓝。她要求儿子扔掉金属球棒，马上回家。教练和裁判都认为她反应过度，但不到一分钟，一道巨大的闪电就划破蔚蓝的天空，击中了棒球场。

　　b. 记住"30秒30分法则"。看到一道闪电，开始记数，如果没数到30就听到了雷声，说明你有危险。马上找个地方躲避。等待30分钟，最后一道雷电闪过后你再出来。

　　c. 寻找可以庇护的场所，最好是一个密闭空间的内部，比如周围的建筑物或者闪电无法打到的房屋。很多人认为应该到大树下躲避。记住，千万不要这样做。闪电会寻找地面上最高的点放电。达拉斯一名男孩在暴风雨中跑过一棵大树下，仅仅一秒钟，一道闪电击中了树冠，烧着了1.5米内的东西。虽然他活了下来，但爆炸让他当场昏迷了过去。另外，也不要在山顶、山脊或开阔的地面上停留，

▲蹲下来，双脚并拢，脚尖着地。身体和地面的接触面积越小，闪电电荷到达身上的机率越小

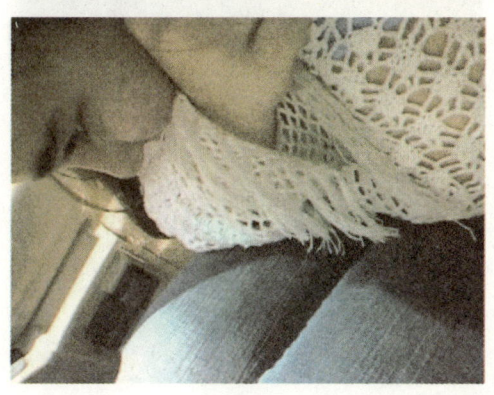

▼捂住双耳可以避免伤及耳膜

因为强大的电流可导致人员伤亡。

　　d. 如果感觉到身上的毛发突然立起来，皮肤感到轻微的刺痛，甚或听到轻微的爆裂声，发出"叽叽"声响，这就是雷电快要击中你的征兆。你已经来不及躲避，千万不要恐慌失措，就按照以下方法做：像棒球接球手那样，蹲下来，双脚并拢，脚尖着地。身体和地面的接触面积越小，闪电电荷到达身上的机率越小。同时手捂双耳。因为闪电逼近时，雷声很大，可能伤及鼓膜。澳大利亚一名男子在雷电交加的暴风雨中，就是这样保护了自己的听觉。

　　e. 雷电发生时，你正在水中活动，要迅速远离水面。因为水是一种良好的导体，如果附近有雷击电，你被伤到的可能性就非常大。

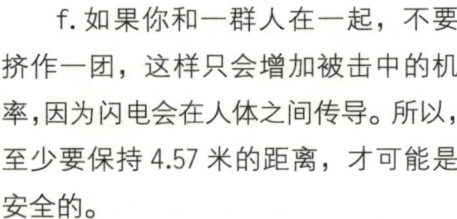

▼如果是坐在车里争取不接触任何金属的东西

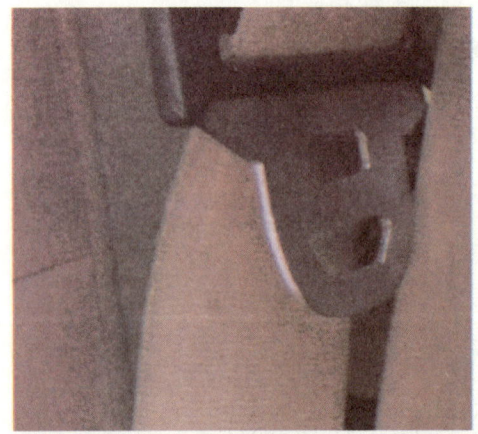

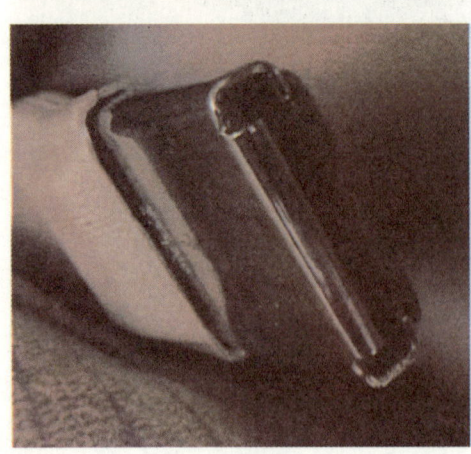

　　f. 如果你和一群人在一起，不要挤作一团，这样只会增加被击中的机率，因为闪电会在人体之间传导。所以，至少要保持4.57米的距离，才可能是安全的。

　　g. 可以充分利用你身边的东西，比如汽车。橡胶鞋底不能提供任何保护，但汽车可以。坐在车里，不要接触任何金属部位。汽车的金属部件会通过轮胎将所有的电荷安全地传导到地面上。

### C. 雷电击中，你该如何应对？

　　a. 闪电击中人体后会引起严重烧伤，甚至心跳停止。但伤者身上没有残留电荷，所以不要犹豫，应该马上实施救助。这时，一定要争分夺秒，时间就是生命。

　　b. 如果伤者神志清醒，呼吸心跳

均正常，就让他就地平卧，严密观察，暂时不要站立或走动，防止继发休克或心衰；伤者已经失去知觉，但仍有呼吸和心跳，那么自行恢复的可能性很大，应解开他的衣扣，保证呼吸顺畅，还要舒适平卧；伤者已停止呼吸或心脏跳动，应迅速对他进行口对口人工呼吸和胸外心脏按压，就像莫娜做得那样。一般是人工呼吸 1 次，心脏按压 5 次。除非伤者已经没有生还的希望，否则抢救就一定要坚持到底。

▲伤者如若休克，要马上施救

c. 伤者丧失意识时，要及时拨打急救电话。在将伤员送往医院时，除应使伤员平躺在担架上并在背部垫以平硬阔木板外，还应继续抢救，心跳、呼吸停止者要继续人工呼吸和胸外心脏按压，在医院医务人员未接替前，救治不能中止。

d. 雷电灼伤的后果也很严重。如果有条件，可以用绷带裹住烧伤区域，等待救护人员到来。不要使用药膏或喷剂，脂性物质会将热量聚集在伤口处。也不要使用不干净的敷料，以避免伤口感染。

 你知道吗？

**如何减少被电流击中的危险？**

你知道吗？闪电的温度是太阳表面温度的 5 倍，一道闪电至少有 5 万华氏度，它能产生 1 亿伏电压。在美国每天都会有差不多两个人被闪电击伤或致死，其中很多都是通过导体导电而受伤害的。你要怎样才能减少自己被电流击中的危险呢？

# 暴雨袭击

### 引言

你和朋友们正在湖边度假，一场猛烈的暴风雨袭来，一名男子被掀入水中。他就快因为寒冷而失去生命，面对如此情景，你该如何应对？

大自然的狂暴总是不可预知，风和日丽的天气会突然被狂风暴雨所替代。如果出游前没有做好充分的准备，可能就会遭遇意想不到的危险。加拿大不列颠哥伦比亚省的琳达·斯蒂芬就遇到过一个毫无防护的划船者，他被暴风雨掀入冰凉的湖水中，险些丧命……

▶▶▶ 露 营

"刚刚靠岸，我们就听到一阵轰隆隆的雷声传来，像是有一辆火车正在天空行驶，而且越来越近。"

琳达·斯蒂芬生活在美丽的不列颠哥伦比亚省，是一名户外运动爱好者，登山、漂流等都是她的最爱。

这天，琳达和姐姐帕姆以及朋友们来到桑迪湖边，他们计划在这里露营。正好他们都有几天的小假期，就当是在这里度假了。大家的情绪都很高昂，尤其是琳达11岁的外甥女希瑟。她从来没有这么近距离地接触大自然，显得异常兴奋。

▼ 理查德使劲划船靠岸

琳达是这次活动的组织者，她和朋友们都是经验丰富的露营者，带的工具非常齐全，帐篷、睡袋自不必说，甚至还携带了皮筏。因为现在的湖水还非常凉，不适合游泳，划船是个非常不错的选择。

阳光明媚，万里无云，是这群露营者最喜欢的天气。他们放下行囊，还没有支起帐篷，就换好救生衣，迫不及待地下水了。

湖面很平静，水也很清，还有两只野鸭在悠闲地游来游去。他们不忍心打扰这对可爱的小动物，轻轻地划着皮筏，绕到了别处。长期在喧嚣的城市里生活，难得有这样一份宁静和舒适。

他们划着船，没有明确的方向，任由它随意荡去。不知不觉，竟离岸边很远了。置身在这片宽阔的水面上，琳达觉得投身于自然的怀抱真好。她把桨收起来，陷入了无限的遐想中。

希瑟和爸爸、妈妈在一条船上。这时，她已经不愿意安静地坐在船头。看到大人们都在划船，她非常想试一下，缠着妈妈教她。她笨拙地拿着桨，使劲拍着水面，溅起的水花泼了旁边的琳达阿姨一脸。

▲理查德和他的朋友，在使劲划船靠岸

■在还没靠岸时，橡皮船就翻了，两人落入水中

▼琳达和亲戚朋友在湖上划船

大家都被这个场面乐坏了，拿着桨，纷纷加入这个泼水活动中。虽然水有些凉，但大家都很高兴。由于皮

099

# 女性救护宝典

▶琳达和朋友在岸边焦急地观察，正在想办法搭救两人

筏之间的距离很近，谁也没有幸免，都被洒了一身水。好在外面罩着救生衣，并没有浇透身上的衣服。

玩了10多分钟，大家还没有尽兴。突然，帕姆发现天边出现了大片的乌云，她意识到暴风雨就要来了。他们离岸边已经很远，要是被暴风雨困在湖上，将是一件非常糟糕的事情。皮筏本身就很轻，根本禁不住大风，很可能被掀翻在湖中。尽管他们都穿着救生衣，但是现在的湖水只有4～5℃，人体是受不了的。

他们都很清楚这一点，一刻也不想再呆在湖里，奋力地划着桨，要在暴风雨来临之前上岸。天越来越阴沉，乌云黑压压地涌了上来。他们刚刚靠岸，远处就传来了轰隆隆的雷声，而且越来越近。

刚把皮艇从水中拖出来，换上雨衣，暴风雨就来临了。狂风卷着雨水，疯狂地打在他们的脸上、身上，人根本就直不起腰来。树枝在风雨中乱摆着，湖面也失去了刚才的平静。

可恶的鬼天气，他们在心中咒骂着。

▶▶▶ 落 水

"我们看到两艘船从河口冲出来，拼命地想要靠岸。不幸的是，他们被直接推到了湖中央。"琳达他们站在湖边，看到了非常可怕的一幕。

由于在划船之前并没有支起帐篷，现在琳达和朋友们没有任何的避难所，只能站在风雨中，等待着它过去。谁也没有说话，周围只有呼啸的风声和雨水噼哩啪啦的声音。

"快看！"帕姆的惊呼声引起了大家的注意。

琳达顺着帕姆手指的方向望去，看到湖中央有两团黑色的物体。由于雨势很大，湖面上一团水雾，一眼看去，很难辨认出是什么。她仔细看了两眼。天哪！是两艘小船，上面还有两个人在拼命地划着桨，试图靠岸。

▲雨中的琳达和朋友们发现有人落水

▼理查德的朋友在水中不停地挥舞着手臂，挣扎着

刚才划船时没有发现其他的划船者，琳达认为他们一定是在上游河水中的漂流者。暴雨来得非常突然，且雨势极大，山上的水流都汇集到河中，漂流者没有丝毫思想准备，就被湍急的河流冲到了湖中。

小船上的两个人还在尽力划着船桨，但没有任何作用，船反而离岸边越来越远。在肆虐的暴风雨面前，他们就如同一只小蚂蚁，根本没有反抗的余地。

很快，在狂风暴雨的袭击下，小船被掀翻在了水中。两个人都没有穿救生衣,他们沉入了水下。

琳达和朋友们站在岸边,都屏住了呼吸。他们非常清楚,在冰冷的湖水中,接下来会发生什么。

几秒钟的时间,两个人从水下漂了上来。

"妈妈,快去救他们!"希瑟看着妈妈,着急地说。

帕姆知道,现在湖边没有其他人,只有她和朋友们,他们是落水者的唯一希望。但是,现在风雨交加,他们的皮筏都不稳定,如果贸然下水,可能还没有接近落水者,皮筏就已经被掀翻了。所以,他们实在无法实施救援。

暴风雨还没有停止的迹象。帕姆找来望远镜,她想更清楚地了解落水者的处境。她看到两个人在水中挥舞着手臂,不停地挣扎着。

▼帕姆用望远镜看到落水者的情景很是担忧

他们沉下去,又浮上来,似乎还被灌了好几口水。不停地挣扎,让他们很快耗尽了身上的能量。此时,冰冷的湖水就像是冰窖一般,一点点吞噬着他们身上的热量。

帕姆和朋友们心里非常难过。如果有人遇到困难,大部分人都会前去救助,会立刻报警,或是小心地照料他们。但是在现在的情况下,他们却无法提供帮助,只能站在岸上,眼睁睁地看着水里的人在挣扎。

他们注意到,一个人在沉下去后就再也没有上来,他消失在了冰凉的湖水中。他们开始不停地祈祷,希望他会没事。

另一个人看到同伴消失了,却无

能为力，因为他也自身难保。他拼尽力气向小船靠近，求生的本能给了他动力。他紧紧地抓着倾覆的小船，尽量把头露在水面之上。

岸上的人不断地为他祈祷，希望暴雨赶快停下来，希望他能躲过这一劫。他们知道，他已经筋疲力尽了，如果再这样下去，他必死无疑。

### ▶▶▶ 低　温

"他面色苍白，抖个不停，也不能说话。我想他的意识肯定已经模糊了，他不知道正在发生什么事情。"落水者被救上岸后，帕姆觉得他的情况非常糟糕。

暴风雨来得快，结束得也快。没过多久，它就过去了。水面也慢慢平静了下来。

帕姆的朋友立刻划着皮筏，到湖中央去救助落水者。这位水中的幸存者，双手已经麻木了，但他还在一直攀着小船的底部。帕姆的朋友所划的皮筏尾部有一个套环，于是让他抓住套环，然后把他慢慢地拖到了岸边。

几个人赶快跑过去，架起幸存者，把他抬到平地上，让他靠着一根树干坐了下来。他浑身还在往外淌着水，显然衣服已经吸满了水。他闭着眼睛，脸色苍白，没有

◀▶雨停了之后，琳达和帕姆赶紧让人划船过去救理查德

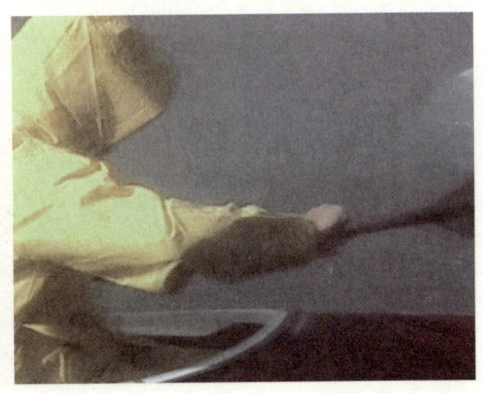

一丝血色，嘴唇被冻得几乎变成了紫色，在地上抖个不停，似乎就要抖成一团。牙齿也在不停地打颤，让人担心他会不会把牙齿给碰断。

"嗨，你叫什么名字？嗨，你能听见吗？"帕姆试图想问他一些问题，但他已经不能说话，仿佛已经没有了意识，对周围的声音充耳不闻。帕姆根据丰富的露营经验判定，他虽然已经平安上岸，但危险还没有过去。

琳达和希瑟也很替他担心。琳达摸了一下他的手，发现似乎比湖水还要凉。她还发现他根本无法移动双腿，也不能活动胳膊，他浑身麻木了。

琳达迅速找了一块毯子给他围上，试图让他恢复温暖。她又拿了一条干毛巾，擦掉他头上和脸上的水滴。朋友们都非常关心他，端过来一杯温水，帕姆给他喂了下去，并把一个热水袋放在了他的胳膊下面。他们认为，这个可怜的落水者会慢慢恢复过来。

可是，事情与他们想象的完全相反。由于落水者的体温太低，温水对他来说比火还要可怕。这个陌生人不仅没有恢复知觉，反而抖动得更加厉害了。这是怎么回事？

琳达想起了以前参加自救培训时学到的知识。当人的体温过低时，不能重新温暖自己，即使他们已经从冷

◀理查德被救上岸边

▶理查德在地上抖个不停，琳达赶紧给他拿来了毛巾取暖

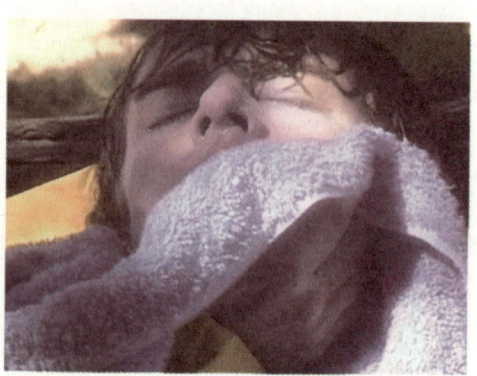

水里出来了，但由于身体保护机能出现问题，所以不能自动产生热量，他们会越来越冷，越来越冷，最后死掉。

与此同时，朋友们也意识到，这个落水者浸泡在冰冷的湖水中时间太长，体温非常低，身体已经失去了自动调节的能力，不可能自己慢慢恢复过来。如果一直这样下去，他的结果只有一个。

难道这个可怜的落水者就要这样一步步走向死亡了吗？

▶▶▶ 取　暖

"我们从来没有遇到过这种情况，只是按照知道的去做，我们不知道这些是不是就已经足够了。"琳达觉得自己不能袖手旁观，必须尽自己所能去帮助这个陌生人。

刚才下雨时，他们眼睁睁地看着一个人消失在湖水中，却无能为力，这让他们非常痛心，现在不能眼看着另一个人也失去生命。他们决定尽力帮助这个陌生人。

帕姆和琳达搭起了帐篷，大家一起把他抬了进去。

"我们会让你暖和起来的，你一定要坚持住。"朋友们对他说，尽管他已经什么都意识不到。

琳达、帕姆和朋友们脱去了落水者的衣服，并用毛巾擦干他的身体，接着把他放进睡袋。琳达知道，如果就这样把他放在睡袋里也是无济于事的。他必须得到外部的热量供应，最好的办法就是依靠别人的体温取暖。

▼大家把理查德搀扶到了帐篷里

意识到这个，琳达脱掉雨衣，爬进睡袋，背对着他躺下来，打算用自己的身体温暖他。琳达觉得他的身体像冰块一样，已经没有一丝热气，自己都禁不住打了一个冷战。和这个陌生人躺在一个睡袋中，她没有感到一点羞赧，现在脑子里只有一个念头，那就是尽快让他温暖起来。只有温暖起来，他才可能脱离危险。

两个人就这样躺了10分钟左右，他的身体似乎有了一点暖意，但还在剧烈地颤抖。而此时，琳达的身体已经不能产生足够的热量，需要另一个人也爬到睡袋中来。

由于睡袋的体积太小，根本容不下另外一个成年人。希瑟看到这种情况，没有一丝犹豫，脱掉衣服就爬了进去。她认为自己做的是为了挽救一个人的生命，因此没有什么可难为情的。她愿意和琳达阿姨一起用体温去温暖这个陌生人。

就这样，琳达和小希瑟把落水者夹在中间，睡袋像一个硕大的三明治。

一段时间后，琳达觉得他的体温已经没有刚才那样冰凉，正在一点点恢复。他也比刚才清醒了许多，慢慢睁开眼睛看着周围的一切。琳达和朋友们都非常欣喜，

▶琳达为了救理查德，和他躺在一个睡袋里，帮他取暖

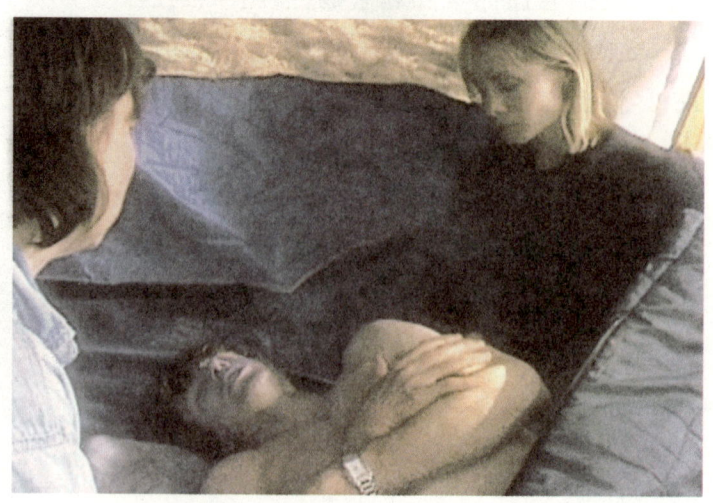

他们很高兴他能够清醒过来。

"你叫什么名字？"琳达问道。

"理查德。"他还是有气无力，声音有些微弱。

琳达知道，理查德还没有完全脱离危险。在被温暖的过程中，他可能会遭受严重的心脏病突发或官能衰竭，随时有死亡的危险。另外，精神上的刺激也会引发威胁生命的生理反应。理查德亲眼目睹了灾难的发生，琳达和他沟通着，希望他能暂时忘记刚才的一切。

但是，理查德情绪非常低落。他告诉琳达和希瑟，朋友在死之前曾说"我很冷，无法再坚持下去"，然后就消失了。他眼睁睁地看着自己的朋友失去了生命，却无能为力，这让他很痛心，也很自责。因为是他约朋友一起出来漂流的，而现在朋友出事了，他却活了下来。

理查德的反应，让琳达和希瑟非常担心。希瑟开始寻找一些话题，和他讲起她的小宠物的趣事。那是一只可爱的吉娃娃，是希瑟生日爸爸送她的礼物，她们已经在一起生活了3年，成为非常要好的朋友。

希瑟发现理查德对她的话非常感兴趣，于是就开始问他一些问题。

"你也养狗吗？"希瑟趴在他的背后问。

"是的。"理查德的声音还是有些颤抖。

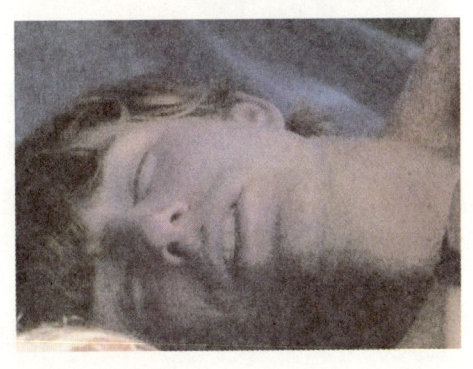

▲希瑟和琳达阿姨一块帮这个年轻人取暖

"是哪种狗?"

"是一只斗牛犬。"

"它叫什么名字?"

"他叫拉尔夫。"

"它是不是很漂亮?"

希瑟一直寻找着聊天的话题,两个人一问一答,聊了很长时间,非常投机。琳达也趁机谈起了她家的宠物。她们发现,这些话题转移了理查德的注意力,这是一个好的兆头。

理查德的体温在慢慢恢复,他已经恢复了知觉,不像开始那样不停地抖动,脸上也有了一丝血色,所有的人都为他高兴。

这是不是意味着理查德已经脱离危险了呢?其实不然。

### ▶▶▶ 康 复

"即使身体暖和过来,他也可能会在24小时之内死于严重的心脏病或其他并发症,因为他的内脏承受了过大的压力。"琳达很清楚,理查德的生命仍危在旦夕,他还需要专业的救助和治疗。

在理查德被温暖的过程中,帕姆已经拨打了求救电话。由于是在野外,情况紧急,几十分钟后,救援人员就驾驶一架小型直升飞机赶到了。

救援小组穿着潜水服,反复搜索了湖底。遗憾的是,他们并没有发现另一个人的尸体。岸上所有的人都非常难过。

理查德被空运到附近的一家医院进行抢救。医生为他作了详细的检查。除了过度寒冷,身体机能受损外,他的身体并无大碍,也没有出现其他的并发症。没过多久,他就恢复了健康。

理查德知道,自己这次能够脱险,琳达、帕姆和希瑟功不可没,当然她们的朋友也给了他很大的帮助。

他对于自己朋友的遇难,很久不能释怀,一直觉得朋友的遇难和自己有很大的关系。但是,他并没有放弃野外探险活动。闲暇的时候,他还是会去漂流,只是现在,他都会提前做好防护措施,穿好救生衣。因为他不想让关心和帮助他的人再为他担心。

## 如何应对?

到户外漂流探险或进行其他水上活动时,一定要做好充分的准备,比如穿好救生衣,以防万一。如果你也和理查德一样,不幸落入冰冷的水中,下面的一些方法也许会对你有所帮助:

A.不慎落水,你该如何应对?

▼落水后要注意寻找攀附物

a. 不幸落入冰冷的水中,一定不要胡乱地挣扎或游动。理查德和朋友在跌入湖水后,就做了很多无谓的挣扎,这是非常不可取的。研究表明,在冷水中剧烈活动,会加快体热消耗速度,加速体温下降。除非是为了接近附近的小船、求生伙伴、可攀附的漂浮物或不远的岸边,才可考虑游泳。否则,最好安静地等待救援人员的到来。

b.尽可能向其他落水者靠拢。这样,既便于相互帮助和鼓励,又因为目标扩大更容易被救援人员发现,增加获救的机会。

c.应该尽快镇定下来,因为紧张不安的心理,会加速血液循环和心跳,因而失去更多热能。

d.意志非常重要。处在冰冷的水中,痛苦且无助,这时候意志比什么都重要。即使你觉得已经支持不住了,也要坚定获救的信心,振作精神,咬紧牙关继续坚持。必须设法保持清醒,不能入睡。坚持时间越长,获救机会就越大。

**B.水温寒冷,你该如何应对?**

a.冷水消耗身体热量的速度比冷气要快25倍。在18℃的水里,你能存活40个小时。在10℃的水里,你能存活大约5个小时。水温如果低于10℃,就只有1个小时。如果你被困在冷水中,记住,千万不要脱掉衣服和鞋子,因为它们可以在冷水与你的身体之间制造一个隔离带。过去一般认为,在水中少穿衣服有利于生存,这种观点是不对的。虽然浸泡在水里的服装隔热值很小,但在防止体热扩散方面有着惊人的效果。即使是日常的不防水服装,也能使体温少下降50%~70%。在水温接近冰点时,服装就更有价值,可保持体温比周围的水温高4~5℃以上。

◀▶准备好救生衣才能下水

b. 在水中的姿势也很重要，正确的姿势能够帮助你减少热量的流失。在冷水中浸泡时，身体的大部分热量会从头部、腋窝以及腹股沟流失。你可以采取"胎儿姿势"，双腿蜷起，放在胸前，双臂环绕双腿，减少与水接触的身体表面积，同时尽量把头部放在冷水外面，减少体热的散失，从而保留住一部分热量。

　　c. 如果有两人同时落水，利用对方的体热，能够极大地增加你的生存机会。当你们被迫游向陆地的时候，如果感觉疲惫或者寒冷，可以一边踩水，一边抱着对方，等暖和之后，再分开继续前进。在弗吉尼亚比奇附近，掉入海中的一男一女就是应用这项技巧在10℃的水中坚持了整整两个半小时。

## C.体温过低，你该如何应对？

　　a. 从冷水中出来后，要迅速脱掉湿透的衣服，保持身体的干燥。同时，多加一些外衣或裹上毯子，进入帐篷或睡袋中，减少热量的继续散失。

　　b. 如果自己已经丧失了产生热量的能力，身体与身体的接触是传递热量的有效方法。帕姆、琳达和希瑟在救治理查德时，利用身体向他供暖，这是非常正确、有效的。

　　c. 体温的提高需要循序渐进地进行，像洗热水浴这样的行为很可能会导致心脏病突发。所以，严重低温时，千万不要加热、磨擦或刺激四肢，也不要喝暖热的饮料。

　　d. 要尽快寻求专业的医疗救助。在被送往医院的过程中，要保持温暖的环境，同时避免猛烈碰撞，尽量减少心脏骤停等危险的发生。

# 疯狂暴雪

> **引言**
>
> 你在拜访朋友的路上突遇百年不遇的暴风雪。你被困在冰天雪地里，孤立无援，眼看着汽车被暴雪淹埋。遇到这种情况，你该如何应对？

很多人都遇到过这种情况，想要外出，但还没出门，天气就变坏了。此时如果贸然外出，可能会被恶劣的天气困住。美国科罗拉多州的克里斯汀·诺德曼就犯了一个这样的大错误。她驾车外出时被困在暴雪中，异常绝望……

### ▶▶▶ 外 出

"我能辨别方向的唯一方法就是跟着前面的车。周围没有任何参照物，我们看不见路，甚至连对面开过来的车都看不清。我1个小时才开了8千米。"克里斯汀做梦都不会想到自己会遇到这么大的麻烦。

克里斯汀从小在美国科罗拉多长大。这里的冬天非常寒冷，每年都会下几场雪，人们已经适

▼雪越来越大，克里斯汀开始辨不清路标的方向

应了雪花飘落的日子。

　　这天是星期六，不是很晴朗，临近中午越发阴暗了。克里斯汀已经和乡下的朋友约好，下午去她家做客，正好明天可以去她的农场参观一番。

　　早早吃过午饭后，克里斯汀打开窗户，想确定一下天气情况。她听过早晨的天气预报，说是今天将会下雪。现在，外面没有一丝风，天空却越来越阴暗了，似乎雪花马上就要飘落下来。

▲天色也渐渐暗下来，面对如此大雪，克里斯汀禁不住担忧起来

　　是出去呢，还是待在家里呢？克里斯汀犹豫了起来。但不到1分钟，她就做出了外出的决定。因为她已经见惯了科罗拉多的雪天，不想让这鬼天气打乱自己的计划。她抓起一件大衣，就出门了。

　　此时的克里斯汀怎么也不会想到，自己的这个决定是个多大的错误，将会把她置于生死攸关的境地。

　　汽车行驶了1个多小时，已经驶出了城市，天开始下起了小雪，也起风了。克里斯汀还要1个小时才能到朋友家，她打电话告知了自己的情况，告诉朋友可能会晚一些到达，让她不要着急。

　　雪越下越大，风也呼呼作响。克里斯汀意识到，自己遭遇暴风雪了。没过多长时间，路边的标志牌已经被雪盖住了，路上也积了厚厚的雪，根本分辨不出来哪里是路，哪里是沟。风卷着大片的雪花打在她的车玻璃上，她不得不减慢了速度。天地间的一切物体好像都消失了，只剩下了漫天肆虐的暴风雪。

路上的能见度低到了极限,甚至连对面开过来的车都看不清楚。克里斯汀找不到任何的参照物,她迷失了方向。这时,她发现前面不远的地方,有车灯在晃动。她辨别方向的唯一办法就是跟着前面的汽车。

克里斯汀就这样开着车,在路上爬行着,一个小时才开出了8千米。即使这样,她也没有太紧张,她觉得只要跟随前面的汽车就一定能到达安全地带。又过了一段时间,前面的车子突然转了弯,消失在黑暗中。

这是克里斯汀始料未及的。现在路上一辆车都没有了,只剩下了她自己。此时,她并不知道自己遭遇的是科罗拉多百年不遇的暴风雪。

▶▶▶ 抛　锚

"我开始调头,而轮胎在雪里打转。我还不是太紧张,那时我以为车子可能是陷在雪里了,只要把它移开就行了。"克里斯汀还有些乐观,她显然没有充分认识到自己的处境。

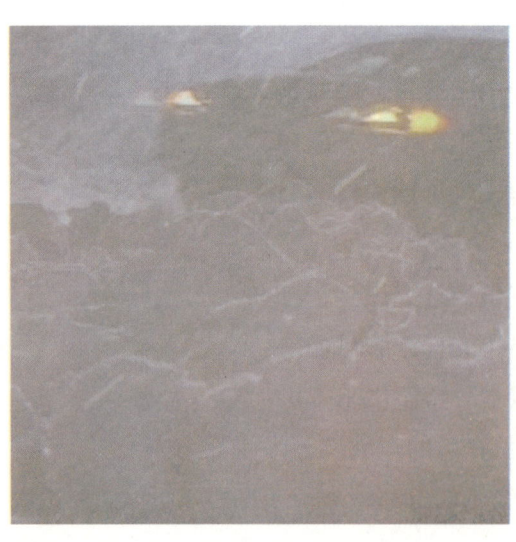
▼轮胎陷入积雪里,再也回不到路面上了

失去了参照物,克里斯汀不得不独自前行。这时,距离她离开家门已经几个小时,快到吃晚饭的时间了。她觉得自己很快就要行驶到安全地带了。

可能是路面太滑,亦或是驾驶的时间过长,人有些疲惫,克里斯汀的汽车在冰雪覆盖的路面上突然开始摇晃,随后猛地冲向路边,停了下来。

◀克里斯汀开始慌乱了
▶拿出手机拨打急救电话

"可恶!"克里丝汀在心里嘟囔着。她重新发动汽车，转动方向盘，试图把车倒回路面上去。任由她怎么尝试，只是轮胎在雪里打转，汽车却纹丝不动。她觉得要把轮胎前面的积雪挖出来才行。

克里斯汀钻出汽车，大片的雪花打在她的脸上，她的头发被吹得凌乱。风迅速从她的脖子灌了进去，还夹杂着些许雪花，她禁不住颤抖了一下。她发现外面白茫茫一片，什么也看不到，甚至找不到她的车，虽然离它只有0.15米远。这时，去挖轮胎下的积雪简直是异想天开，即使已经挖开，风雪也会在瞬间把它填满。克里斯汀知道麻烦大了，她哪儿也去不了了，最好的办法就是回到车子里面去。

她开始有些慌乱了，摸出手机拨打了急救电话。

"我从路上滑了出来，就在24号高速公路旁边，你们能派人来吗？"克里斯汀希望救援人员能够赶过来，带她离开这个地方。

但是救援人员告诉她，在这样罕见的暴风雪天气里，实施救援也非常危险，并不可取，他们会等风雪过后，尽快过来救助她。他们还鼓励克里斯汀要坚持下去，如果感到寒冷，可以每20分钟发动一次引擎取暖。

◀大雪很快在汽车上积了很厚的一层

▶每隔段时间，她就看次表，觉得时间很漫长

克里斯汀意识到，自己现在唯有等待。刚才下车，被吹了个透心凉，现在还忍不住打哆嗦。她开始按照救援人员告诉的办法，发动引擎来取暖。但是，由于排气管被雪覆盖了，她只好打开窗户，防止一氧化碳中毒。

意外的事情再次发生了。由于天气寒冷，窗户被冻住了，无法关上。雪花通过车窗刮了进来，很快就积了厚厚一层。

克里斯汀觉得比刚才更冷了。她坐在驾驶座上，从后排抓了件衣服披上，尽量不让雪飘到身上。尽管如此，她还是感到寒冷异常，自己的衣服根本就抵不住疯狂的暴风雪。

她不得不隔一段时间就打开引擎，以保持自己的体温。每次打开引擎，热量就会把雪融掉，于是车里面积满了水。她不想淹在水里，雪水只会让她更加寒冷。于是，她把座位之间的储物箱拔了出来，当作大水杯来用，把水一点点舀出来，泼到窗外。

反反复复地重复着开引擎、舀水的动作，克里斯汀觉得自己越来越冷，仿佛骨头都冻脆了，一折就断。她发现挡风玻璃和一侧车窗上的雪越来越厚，汽车已经慢慢被雪掩埋了，掩埋在这冰天雪地里。这是一件多么恐怖的事情！

克里斯汀看了一下手表，已经是午夜，此时家人和朋友应该已经在温暖的床上睡着了，她不知道自己能不能在暴风雪中熬下去？

▶▶▶ 求　助

"当时我想，一定要让别人到这里来找到我。我已经无计可施，如果想要活下去，就得依靠别人的帮助。"克里斯汀不想就这样被掩埋掉，她打算积极地寻求帮助。

克里斯汀每隔一段时间就会看一下手表，有时甚至只隔两分钟。她看着表盘上的时间在不停地变化，感觉度日如年。终于到了第二天的黎明。在车上没有合一下眼，整整坐了一个晚上，她活了下来。

她挪动了一下似乎已经麻木的腿脚，试图走出去，但这只是妄想。汽车已经被埋在了雪下，就像一副冰制棺材，被裹得严严实实，连车门都被冻上了，根本推不开。

周围地冻天寒，车厢里冷彻骨髓，克里斯汀把双脚抬到座位上，蜷缩着，不停地哆嗦。她越来越害怕，怀

◀▶克里斯汀觉得很冷，她想打开车门，可是车门此时已经冻住了

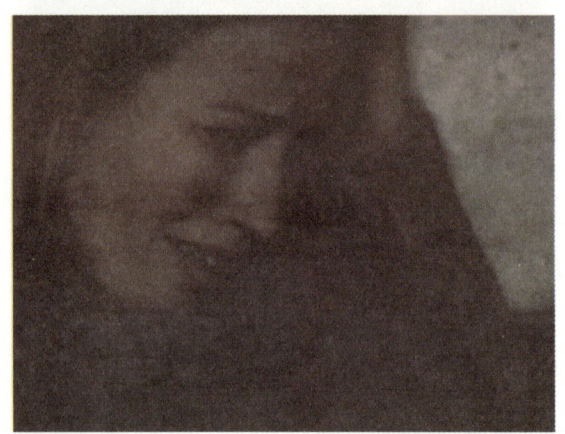
▲克里斯汀哭着跟妈妈通电话

疑自己还能不能离开这里。她想到了妈妈。一夜未归，妈妈和朋友们一定非常担心她。越想越伤心，克里斯汀忍不住趴在方向盘上抽搐了起来，自己还年轻，不能接受就这样在暴雪下失去生命。

过了几分钟，勇敢的克里斯汀慢慢冷静了下来。她知道要走出去，仅仅凭借自己的力量是毫无希望的，一定要让外面的人找到她，把她救出去。并且，经过了一个晚上，她猜想暴风雪已经停了，搜救人员应该可以赶过来了。

想到这些，克里斯汀再次拨打了急救电话，告诉了他们自己的情况，希望他们赶快把自己救出去。她还希望能和妈妈通一个电话，工作人员帮忙转给了她的母亲。

"妈妈，我被困在这儿了，没有吃的，也没水喝。要是他们不能——不能找到我，该怎么办？你能听到吗？"克里斯汀哭了出来，声音断断续续，觉得自己快坚持不住了。她哽咽着和妈妈说着自己的遭遇，说着现在的处境。

寒冷和饥饿时刻在折磨着她，她觉得自己握电话的手都不听使唤了，在不停地颤抖。她想妈妈，恨不得现在就能在妈妈的怀中，像小孩子似的撒娇。

听到克里斯汀被困在了雪下，她的妈妈也被吓得呆住了。在雪地里面找一辆汽车无异于大海捞针,她担心他们找不到克丽丝汀。她怕在救援队赶过去之前,克里斯汀就已经不行了。

克里斯汀还在诉说着,语气中充满着惊恐和沮丧。妈妈的心都绷紧了,非常难过,恨不得去替女儿受这份罪。她只能不停地安慰、鼓励女儿,让女儿相信救援人员一定会找到她,希望她能够多坚持一段时间。

可能是被掩埋的缘故,手机的信号时好时坏,还有很多话没有说,克里斯汀却不得不挂断了电话。即便这样,和妈妈的通话还是给了她莫大的鼓舞,她暗暗下定了活下去的决心。在车中百无聊赖,旁边又没有人可以聊天,她就打开收音机,希望这样打发掉等待救援的这段时间。

从收音机中,克里斯汀了解到自己遭遇的是科罗拉多历史上百年一遇的灾难,很多人都在大雪中受了伤,还有很多人失踪了。她又紧张了起来,自己离城镇已经很远,救援人员一定找不到这里来了。

克里斯汀就这样在痛苦、失落中等待着,等待着……

◀此时,救援车已经在路上

▶▶▶ 孤　立

"电池没电了。我没法按响喇叭。就一分钟，就差一分钟，一分钟前，我的车子死掉了。"克里斯汀失落到了极点，在即将获救的前一分钟，她的车子出了故障。命运和她开了个大大的玩笑。

收音机里还在播放着这次灾难的损失，人员的受伤情况，以及救援的进度。克里斯汀对自己被救已经不抱太大的希望，她的大脑已经麻木，停止了思考。她单手支着头，眼神显得非常空洞，似乎已经找不到任何的寄托。

"克丽斯汀，听到了吗？救援队会过去找你。"突然，克里斯汀从收音机中听到了自己的名字。

这则消息来得太突然，她一时还没有反应过来。慢慢地，她回过神儿来，意识到救援人员很快就要过来。这个喜讯太让人兴奋了，她抑制不住自己的高兴劲儿，微微笑了起来。

救援人员并不能确定克里斯汀现在是否在听广播，他们希望她能够听到广播，要她在 8 点 30 分时摁响喇叭，以方便他们能够发现她。

听到这些后，克里斯汀心中燃起了无限的希望。她看了一下表，现在离 8 点半还不到 1 个小时。用不了多久，她就可以离开这冰冷的车厢，走出去感受阳光。她现在认为，没有什么比感受温暖更让人幸福的。

手表上的指针在不紧不慢地走着，克里斯汀恨不得现在它已经指在了 8 点半的位置上。她一直盯着手表，眼光不想从上面离开一秒钟。她宁可提前按响喇叭，也不愿意推迟一秒钟，因为汽车的喇叭声就是拯救自己的信号。那将是非常悦耳的一种声音。

克里斯汀焦急地等待着。就在时针走向 8 点 30 分时，不可思议的事发生了。

"哦！不，天啊！为什么会这样！"她惊恐地尖叫了起来，不能接受眼前的事实。汽车的电池没电了，任凭她如何按动，喇叭就是发不出一丝响声。就差一分钟，她的车子竟然在一分钟前死掉了。

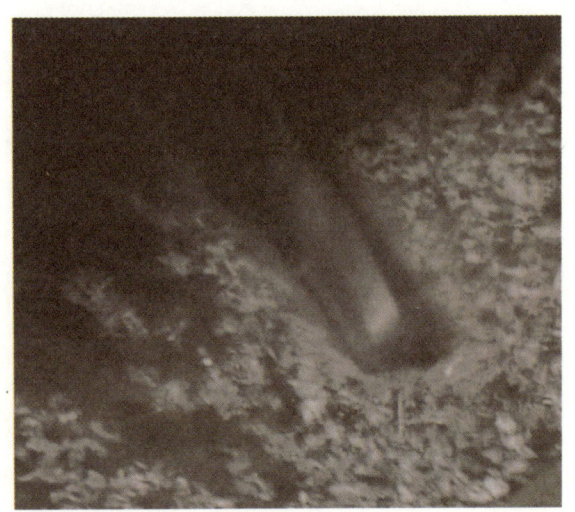
▲克里斯汀不小心把手机掉在了水里

希望越大失望越大，这句话用在这里再恰当不过了。克里斯汀吓呆了，仿佛一下子从云端跌落到了地面。一松手，她的手机又掉到了旁边的雪水里。真是祸不单行，她不知道上帝为什么要这样捉弄自己。

看到手机掉进水里，克里斯汀觉得自己现在是彻底死定了，因为她已经没有办法和外界的人取得联系，她被孤立地封在了大雪下面。

克里斯汀绝望到了极点，她知道等待自己的只有死亡。但是，她不想就这样清醒地等待，那是一件非常恐怖的事情。于是，她把车内的毯子全部都撕下来，卷在身上，开始睡觉。

仿佛周围的一切都已经与她无关。

▶▶▶ 获 救

"我迷迷糊糊地听到了说话声，于是睁开了眼睛。"克里斯汀不能确定是自己的幻觉，还是有人发现她了。她觉得自己很久没有听到过这么熟悉的声音了。

周围很安静，克里斯汀一直蜷缩在位子上，迷糊着，过度的寒冷和饥饿已经让她有些意识模糊。

时间已经过去3天了，暴风雪早已结束。救援人员还在寻找她，但却没有发现一丝线索。长时间没有克里斯汀的消息，她的妈妈非常难受，觉得就要支撑不住而晕过去了。从救援队那里得知，他们当时没有听到女儿的呼叫声，没有看到车灯，也没有听到喇叭声。难道女儿已经遭遇了不测，她不能接受这个结果。

搜寻行动仍在继续。救援人员使用雪犁向前推进，既方便发现被雪掩盖的物体，又顺便清除路面上的积雪。快到中午的时候，行驶的雪犁突然偏离方向，像是撞上了一个雪堆一样的东西。

发现异常，救援人员赶紧跑过去，拿着铁锹挖掉表面厚厚的积雪和冰层。是一辆汽车！

"那儿有个女孩，可能已经死了。"救援人员通过玻璃发现了车里的克里斯汀。这几天的工作中，他们已经遇到了不少类似的情况。

◀ 救援人员巡逻到克里斯汀车的附近

▶ 救援人员开始挖堆在汽车上的积雪

他们迅速清理着汽车上面和周围的积雪。铁锹撞击车体的声音惊醒了迷迷糊糊的克里斯汀。她觉得似乎有人在说话，但又不能肯定。

直到他们撬开车门,克里斯汀才确定是救援人员来了。她非常激动,想自己走出车外,但长久的蜷缩让她的双腿有些不听使唤,差点摔倒在雪地上,还是旁边的救援人员一把搀住了她。她觉得外面的阳光格外刺眼,但却非常温暖和舒服。

克里斯汀被迅速送到了医院。虽然被掩埋在雪下长达3天,但她的身体并没有受到太大的伤害,几天后就恢复了健康。

这简直是个奇迹!

▶▶▶ 顽 强

"如果他们没有找到我,在当时那种情况下,温度又低,也没有食物和水,我肯定就没救了。这次经历让我更坚强了,也更有自信,相信自己能克服一切困难。"

克里斯汀一直认为自己能够平安回家,能够再次见到妈妈,是上帝对她施加了恩惠,她也更加珍惜现在的生活。

经过一段时间的休息,再谈起这次经历的时候,克里斯汀还是有些激动。虽然在冰雪中活了下来,但是她非常清楚,自己当时离死亡有多近。周围漆黑寂静,没有人听她诉说,没有人知道她的

▲车门被撬开,克里斯汀获救了

位置。她甚至已经听到了死神的脚步声。

克里斯汀也一直很后悔自己当初的决定，如果那天不出门，也不会遭受这些，不会让家人和朋友替她担心。但乐观的克里斯汀对这件事还有另外的想法。她认为这是上天对她的考验，那么恶劣的环境自己都能坚持下来，以后还有什么困难不能克服呢。她觉得自己变得更加坚强和自信了。

## 如何应对？

暴风雪是一种危害性极大的灾难。在雪天外出，一定要做好充分的准备，以防不测。如果你在行车时不幸遭遇了暴风雪，请记住以下建议：

**A.被困雪中，你该如何应对？**

　　a.提前准备一套救生工具放在车里。比如说准备一个不易被雪打湿的帆布包，里面放一些基本的工具，包括：急救工具包、手电筒、毛毯等等。当你被困在冰天雪地里时，

◀ 大雪中辨清方向最重要

▶ 准备一个帆布包

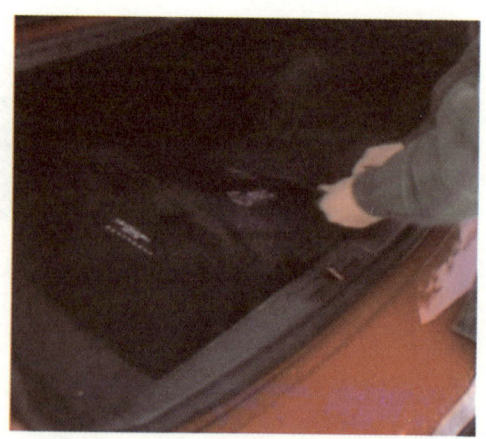

这些东西会给你很大的帮助。

　　b.在暴风雪中，一定要缓慢行驶。因为积雪被压在马路上，很快就会形成一层薄冰，导致路面很滑。稍有不慎，你就可能会偏离路面，冲进雪堤。行驶的过程中，如果已经无法辨别方向，胡乱行驶很可能会把你带入更加危险的境地。这时，不妨学学克里斯汀，跟紧你前面的车辆，也许会找到出路。

　　c.汽车很容易在雪地里抛锚，你可以准备一些干猫粪放在车里。当很难起步时，把猫粪撒在轮胎下面，这样就可以增加轮胎与地面的摩擦力。如果没有准备，也不要着急，可以就近找一些物品，比如杂草、树枝等垫在轮胎下面，也会起到一些作用。仍然没有效果时，一定不要强行启动，以防损坏轮胎或发动机。

### B.保持体温，你该如何应对？

　　a.除非迫不得已，否则尽量不要开窗户，以保持车内热量不外散，还可以避免雪花吹到车厢内，保持车内的干燥。

　　b.保持身体的干燥。不要被雪水打湿，也不要下去推车而出汗。如果衣服湿透，既不能保温，还可能会使人冻僵。

◀提前准备绝缘胶布

▶出门前要穿暖和的厚底鞋

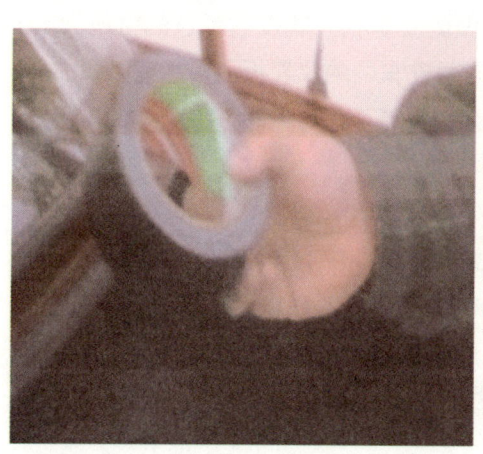
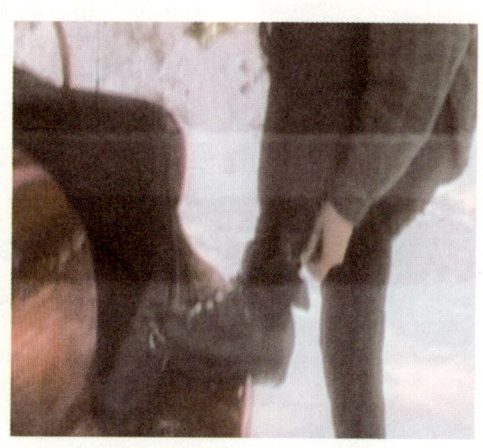

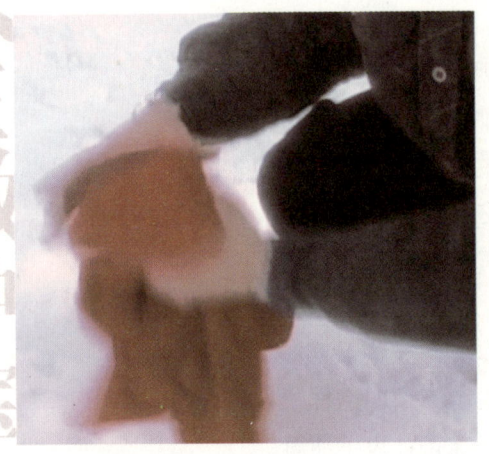 

◀▶用T恤包好一包雪,必要的时候应付口渴

c. 提前准备一些绝缘胶布。被困车里后,你可以用绝缘胶布来缠住袖口、裤腿,然后在衣服里面塞上一些比较软的东西。这样,冷空气就无法侵入了,自然也可以保证一些热量不流失。

d. 长时间被困在雪地里,寒冷难耐时,可以想办法取暖。比如,每隔几十分钟发动一次引擎,依靠产生的热量取暖。这样做的前提是,电池不被用完。在取暖的过程中,还要避免一氧化碳中毒,可以适当开一会窗户,然后尽快关上。千万不能在车厢内点燃东西取暖,因为车内的易燃物太多,容易引起火灾或爆炸。

e. 无论如何,都不要吃雪。吃雪只会降低身体温度,造成体温过低。如果口渴,可以借助于你的T恤,用它把雪包在一起。你要做的就是找一块没被踩过的雪地,用T恤包上一包雪,把它放在车内的仪表板上,打开引擎加热,一旦雪化成水,你就有水喝了。喝水时,不可一次喝过多,应每隔5分钟小口喝水。

**C. 寻求救援,你该如何应对?**

a. 使用随身携带的通讯设备如电话,尽快与家人和救援人员取得联系,以获得他们的帮助。在这一点上,克里斯汀就做得非常及时。

b. 充分利用身边的物品。白天时,可以间歇性地按响车喇叭,以确保救援人员能够找到你。你还可以在汽车的天线上系一条颜色鲜艳的布作为遇险信号。到了晚上,如果条件允许,尽量把车灯打开,或者摇晃手电筒,发出求救信号。如果发现救援人员就在附近,还可以利用声音求救。你可以大声地呼喊或者借助其他物品发出声响,比如棍子、罐头盒等。

d. 即使你不具备上述的求救条件,就像克里斯汀的遭遇那样,也不要轻易放弃。要坚信,无论情况有多糟糕,也一定会过去的。这时,一定要保持神智的清醒,千万不要睡着。你可以想一些高兴的事情,让自己处于兴奋中。

▲备好一张地图,以免迷路

▼备好蜡烛,必要的时候取暖化雪

**你知道吗?**

**如何保护胎儿在车中不受伤害?**

你知道吗?汽车方便了人们的生活,也带来了很多灾难。每年都有多达3400个胎儿在汽车中死亡。你要怎样才能保护自己的胎儿在车中不受伤害呢?

127

# 溪谷骨折

> **引言**
>
> 你到一个偏远的溪谷徒步旅行，结果失足落入了岩石之间，胳膊骨折。被卡在缝隙中不能动弹，周围又荒无人烟，你该如何应对？

野外徒步旅行是一项充满挑战的运动，稍有不慎，轻松之旅转眼就会变成一场生死考验。美国的大学生拉妮就有过这种经历。她在穿越溪谷时失足掉入岩石缝隙，导致多处骨折，痛苦不堪……

▶▶▶ 旅　行

"我想在这儿拍几张照片。"拉妮和朋友们正在徒步穿越溪谷，她被周围的景色吸引住，忍不住停下了脚步。

拉妮是俄勒冈大学的一名在校生，平时喜欢探险旅行。她和学校的一些同学发起了一个旅行社团，定期组织一些野外旅行活动。

▶拉妮和同学出发进行野外探险

新的一年春天已经到来，拉妮和她的9名大学同学就迫不及待地出发了。他们这次计划沿着流经犹他州和亚利桑那州边界的一条河流徒步前行。这是一条穿越峡谷的河流，沿途几乎没有人烟，平时只有一些探险爱好者会偶尔经过。

一行人激情高涨，沿着山谷入口处的小溪，向前行进。溪水非常清澈，两岸的草木都开始发芽，有的甚至已经长出了翠绿的叶子，一片生机盎然的景象。大家行走得也非常亢奋，没有感到一丝疲惫。

走了一段距离，他们发现水流变得越来越湍急，已经不是刚才平缓流淌的小溪了。从峡谷一边到另一边的时候必须特别小心，否则河水可能会溅湿鞋子或衣服。

过了没多久，有几个队员的行走速度变慢，一行人前前后后地走散了。拉妮与朋友杰和约翰步履轻盈，他们不想走走停停，于是决定先行，到前面的集合处等待落后的队员。

拉妮欣赏着两边的风景，她发觉，越往山谷深处，景色越发秀美。两边树木葱葱，生命力旺盛，有的甚至

▲大家开心交谈，拍影留念

▲拉妮用树枝试探着河水的深度

长在石头缝中,让人惊叹。岩石也各具特点,说不出来的雄奇和秀美。

"我想在这儿拍几张照片,一会儿跟上你们。"拉妮对身边的朋友说。

"哦,好的。那我们到那边山脚下集合吧,好吗?"朋友没有反驳拉妮的想法,但还是有些不放心,提出到前面集合,让她尽快赶过去。

"好的,没问题。"拉妮满怀喜悦,边回答边寻找合适的拍照点。

她蹲在河边的石头上,不断搜集着两边的景点,把它们都收藏到了自己的相机中。转来转去,拍了大约20分钟,拉妮发现河对面有一处更好的拍摄地,那里高耸突出,视野非常开阔。她决定到对面去。

河面很宽,一脚迈不过去。拉妮捡起一条树枝,插进水中,发现河水很深,贸然下去非常危险。她决定向上游走走,寻找合适的水面趟过去。

就在这时,意想不到的事情发生了。

▶▶▶ 骨 折

"我面前的石头上都是血,我的背包又压住了我的头。我的脸只能抵着石头,所以我根本没办法转头去查看胳膊的情况。"拉妮掉进了岩石缝中,她受伤了,却无力应对。

河边的石头很多,拉妮喜欢在上面行走,爬上跳下的感觉非常棒。拉妮边走边看两边的景色,根本没有注意脚下。突然，她脚底下滑了一下，双脚踩空，直接掉进了两块大石头中间，被卡得严严实实。

"啊，天哪！"拉妮没有反应过来，大声惊叫起来。但没人会听到她的叫声，因为朋友们都不在附近。

石头之间的缝隙很小，根本不能移动身体，更别说是转身了。拉妮的右胳膊卡在背包带下，左胳膊压在身体后侧。她发现左边的石头较低矮，意识到自己必须往上，从左边爬上去。她的意识指挥着左胳膊这样做，但是手指感觉就像是埋在沙子中一样，显得特别笨拙。她这才知道胳膊伤得很严重，根本不听指挥了。

▲拉妮在往上走的时候，双脚踩空

▼拉妮夹在两块大石中间，再也不能动弹

刚才太紧张，以至于没有疼痛的感觉，现在拉妮才感觉到一股钻心的疼痛。她觉得左胳膊已经断了，接着又发现了面前的石头上全是血。

拉妮害怕极了。她想转过头去察看胳膊的伤情，但后背上的行囊又压住了她的头，这样她的脸只能抵着石头。她的身体根本动弹不得，要依靠自己的力量从缝隙中走出去是不可能的事情。

不只是胳膊，全身各处都在向大脑传递着疼痛的信息。下身置身于冰凉的河水中，伤痛加上害怕，拉妮伤心地哭了起来。她不知道该怎么办，两侧的石块都很大，别人根本不可能发现自己。

### ▶▶▶ 求 援

"救命！救命！有人能听到我吗？"拉妮大声喊叫着，希望同伴们能听到自己的声音。

被困在岩石的缝隙中，拉妮意识到，要得到救援，必须要先让别人听到她的声音。由于水流的声音太大，喊叫似乎没有作用，还得依靠脖子上挂着的哨子。

左胳膊已经不听使唤，只能依靠压住的右胳膊。拉妮缓慢扭动着身体，一点点挪动，根本就不敢使劲动弹，因为骨头碎了的话很可能会切断神经。这是她最担心的。如果骨头已经出来或者肌肉撕裂，更必须加倍小心，避免伤势加重。就这样，她费尽力气，终于把右胳膊从背包下抽出来。

时间在一分一秒地流逝，拉妮在痛苦中等待着队友们的到来，左胳膊和鼻梁疼得厉害，她呻吟着，坚持着。大约过了20分钟，她认为后面的朋友们就快赶到这边了，于是使劲吹着哨子，大声地呼救。

然后，她停下来，仔细捕捉着周围的声音。遗憾的是，没有人回应，只有哗哗的流水声。

"救命啊！我是拉妮！"她继续大声地呼喊，却依然没有任何回应。

▶拉妮想挣扎着爬出来，才发现左胳膊受了重伤

现在吹哨子难道太晚了，朋友们已经过去了？拉妮心中满是疑惑。她越来越害怕，被卡在两块大石头之间，周围地势又低，要是没有人发现自己，那该怎么办？就这样死在这里了吗？

拉妮的大脑在一刻不停地想象，想象着各种可能发生的情况。她不能确定朋友们是不是已经走过了。因为她不是一直在呼喊，所以很可能会错过他们。一想到这个，拉妮简直都要发疯了。她知道，山谷距离城镇至少要有两天的路程，要是长时间没人发现自己，那将必死无疑。

▲菲比和莎拉游玩到拉妮附近，让拉妮感觉到了获救的希望

"很快就会有人来的……"她觉得胳膊疼得更加厉害，自己似乎很快就要晕过去了。于是，她不停地安慰自己，给自己鼓劲。

她想尽快离开这个鬼地方，开始更加用力地吹哨子，大声呼喊。拉妮觉得自己已经筋疲力尽了，但她不打算放弃。

10分钟过去了，20分钟过去了，还是没有人发现她的求救。拉妮认为后面的朋友们一定已经过去，这里人烟稀少，自己是没有希望了。

就在拉妮快要绝望了的时候，她听到了期待已久的声音……

▶▶▶ 急 救

"*我真的很害怕。当我能坐起来，姿势稍微正常之后，我总算可以检查一下胳膊的情况了。但是，它就像果冻一样，软软地垂着，而且丝毫不听使唤，从肘关节往下的部位感觉好像不属于自己了一样。*"拉妮觉察到，自己的胳膊伤势非常严重。

就在拉妮绝望无助的时候，后面的朋友们陆续赶了上来，菲比和莎拉走在一行人的前列。

"你下学期有什么打算？"菲比问同行的莎拉。

"我还没有想好呢。"

两个人都很放松，边走边聊。突然，她们听到了附近的哨声，还有求救声。

"好像是拉妮？"菲比不能确定，转身询问身后的莎拉。

"没错，是拉妮！"莎拉非常肯定求救声是拉妮发出来的。

她们不知道拉妮遭遇到什么事情了，都很担心，大声喊着拉妮的名字，想确定她的具体位置。

"我在这儿！能听见我吗？救救我！"听到朋友们的呼喊，拉妮惊喜交加，顿时有了力气。

菲比和莎拉确定声音是从河边的石头之间发出来的，她们马上把背包扔在地上，在石头之间找寻，从一块石头上跳到另一块，最后终于找到了夹在石缝中的拉妮。

▼菲比听到了拉妮的求救声

"我在下面！救命！我在这里！"拉妮发现朋友们已经过来，知道自己有救了。

"拉妮，拉妮，你还好吗？"两个人都非常担心拉妮，她们发现了石头上的血迹，知道她受伤了。

"我掉下来了，我的左胳膊断了！"拉妮皱着眉头，简单向她们说明了自己的遭遇。

"怎样才能不伤到你，把你拉出来？"莎拉想尽快把拉妮拉上来，但还没有发现合适的办法。

菲比跳进河水中，尝试着挪动拉妮的身体，无意中几次碰到拉妮的胳膊，她疼痛难忍，情绪已经失控，大嚷着制止菲比的动作。

"别碰我的胳膊，帮我把背包拿下来。"拉妮一直不让菲比碰自己。

她们把拉妮的背包拿下来。然后莎拉在石头上拉住拉妮没受伤的右胳膊，让她身体的一边先往上移动。菲比在水中慢慢抬起拉妮的双腿，一点点把她从缝隙中移了出来。两个人一前一后，小心翼翼地抬着她，把她弄到了平坦的石面上。

菲比发现拉妮伤得非常严重，左胳膊断了，鼻梁也被石头碰断了，鼻子出了很多血，感觉好像被人狠狠打了一顿似的。眼睛周围也青了一大块，肿得很高，整个脸变得很大，脸上到处都是外伤，青一块紫一块的。她的衣服也浸湿了，脸色苍白，在微微地颤抖。菲比感觉非常难过，赶快去找了一条干毯子给她裹上。

过了两分钟，拉妮慢慢坐了起来。她总算可以察看一下胳膊的受伤情况。她发现，胳膊就像果冻一样，软软地垂着，丝毫不听使唤，从肘关节往下的部位没有一点反应，感觉好像不属于自己了一样。稍微一挪动，就会有钻心的疼痛。

▲在菲比和莎拉的帮忙下，拉妮被小心地抬到了平整的石面上

▼拉妮伤势严重，流了很多血，菲比给她拿了条毯子盖在身上

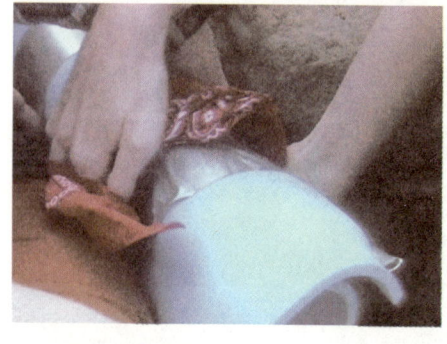

▲队员找来夹板先把拉妮的胳膊固定住了

后面的队员连续赶了过来。约翰和杰在前方没有等到拉妮，也折了回来。他们围着受伤的拉妮，想办法减轻她的痛苦。由于没有通讯工具，没法寻求外界的救援，最近的医疗点又远在32千米之外。他们知道必须用夹板先固定拉妮的胳膊。

其中的一名队员把自己的登山杖折断，当作夹板硬的支撑部分；然后又把一个睡垫切开，围在胳膊四周，当作夹板软的部分；接着，他们又用一件T恤把这些都包裹起来。可以说，做这个夹板把大家的装备全都用上了。

把夹板裹在拉妮的胳膊上以后，他们又从背包中找出一些管道胶带和一些基本的急救材料，还有纱布，用来固定夹板。然后再用手帕绑住胳膊，把它吊在拉妮的脖子上，这样整个固定工作就完成了。

考虑到拉妮的伤势，大家决定取消接下来的旅行，尽快赶到最近的医疗点。

▶▶▶ 夜 宿

"每次我躺下来的时候，胳膊都会发出'噼哩啪啦'的声音。那真的非常可怕。每次躺下，我都感觉错位了，但是调整之后位置又换了。"拉妮躺在露营的帐篷里，根本没有一点睡意。

32千米，对他们而言是漫长而艰苦的跋涉，尤其是其中还有一个伤员。考虑到拉妮的伤情，开始时，他们行进得很慢。

即便这样，拉妮仍感觉行走得非常痛苦。只要一动，她就会感觉特别疼，可以感觉到胳膊里的骨头碎片，那种很尖的碎片插入了她的肌肉。一段时间后，她慢慢找到了行走的技巧，也习惯了挂着胳膊走路，因此速度也快了很多。

"快点，我们今天就能走出去。"拉妮还不时鼓励着落在后面的队友。她不想让朋友们为她担心，因此表现得乐观、轻松。

溪谷中布满石块，前进非常缓慢，他们也没有进山时的那种兴致，更加觉得山路崎岖难走。天慢慢黑了下来，看样子想当天走出去似乎是不可能的了。

"天黑之前，我们肯定走不到大路了，所以需要在这儿露营。抱歉，大家支帐篷吧！"约翰招呼大家停了下来，他觉得眼前这块平地，是不错的夜宿驻扎点。

朋友们帮忙搭好帐篷，菲比把拉妮扶进去，让她找个舒服的位置躺下。大家都非常担心拉妮，安慰她不要紧张，好好休息，然后就各自回帐篷睡觉了。

对拉妮而言，这是痛苦而漫长的一夜。她根本就睡不着，稍微移动就能听到胳膊里面"劈哩啪啦"的声音，然后就是针扎似的痛苦，疼得她大口喘着粗气，恨不得把整条胳膊拽下来。除了胳膊，摔断的鼻梁也让她痛苦不堪，连正常呼吸都非常难受。

山谷中的鸟鸣声吵得拉妮更加心烦。以前露营时，她可是非常喜欢听这动听、纯粹的声音。每次都

▼队友们搀扶着拉妮下山

要静听一段时间，才能进入梦乡。

菲比和拉妮睡在一个帐篷里，她知道拉妮没有睡意。为了减轻拉妮的痛苦，她起身找来一块热毛巾，敷在拉妮青肿的眼部，又拿了另外一块干净的毛巾帮她擦拭脸上的血迹。拉妮非常感动。

熬过一夜。第二天，天刚蒙蒙亮，他们就起来赶路。作为朋友，他们都希望拉妮能早点得到治疗。

### ▶▶▶ 治 愈

"我的鼻子断成了两截，不过幸好是直着断的，所以用不着进行调整。它的愈合情况也很好，这一点让我非常高兴。"拉妮对自己的恢复情况非常满意。

急行军几个小时后，他们终于赶到了最近的医疗点。急诊人员查看了拉妮的伤势，发现非常复杂，于是把她转送到当地一家大型医院进行治疗。

拉妮被迅速推进手术室，医生为她实施了接骨手术。他发现拉妮胳膊上的夹板固定得非常及时，并且捆绑得非常牢固，最大程度地保护了伤者。得知是朋友们在山谷中帮拉妮固定的胳膊，他非常吃惊。

"你们的急救措施非常恰当。"他对拉妮和朋友们说。在那么简陋的条件下，能做出如此细致的包扎，他认为自己都很难做到。

手术后，拉妮就回家休养了。过了半个月，她回医院复查。医生告诉她，鼻梁的愈合很好，不需要再进行矫正，拉妮非常

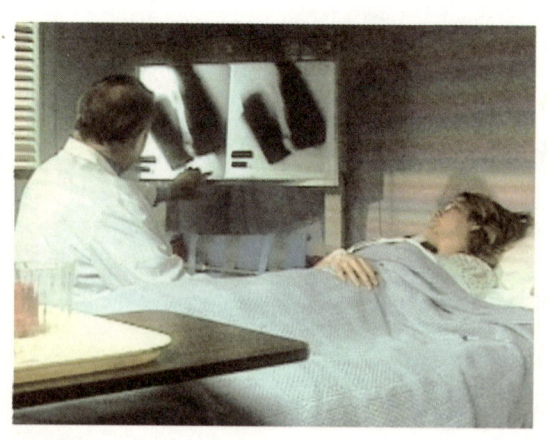

▼在医院里，医生及时地给拉妮进行了接骨手术

高兴。不过,她的胳膊就是另一回事了。胳膊的骨折情况比较严重,至少有5个地方断了,桡骨骨折,骨头都碎了。因此还需要再做几次小手术才可能恢复。

尽管还需要手术,拉妮并没有觉得伤心失落,她坚信自己的胳膊一定能够恢复到以前的样子。

再回想起这段痛苦的经历,拉妮很满意自己的表现,勇敢、乐观,她感觉非常骄傲。

"这并不是光彩的事情,但它给了我力量,让我更自信了。"拉妮觉得这段经历给了她宝贵的财富,这些将会影响她的一生。

## 如何应对?

美国每年都有几十名徒步旅行者在野外丧生。到野外徒步游行时,一定要处处谨慎,尽量把危险降到最低。如果你也在野外不幸骨折,下面的几种方法或许可以帮到你:

**A.避免骨折,你该如何应对?**

a. 在野外行走时,尽量避开险峻陡峭的地方,选择较为平坦的路径,不要过分追求刺激而忽略了安全。行走的时间过长,要注意及时休息,过度劳累也可能导致骨折。

b. 一个人时,尽量不要作野外探险活动。尽量和同伴一起走,

▼野外旅行中,胳膊受伤要会固定和包扎

不要掉队。人多时，遇到险峻难走的路段，可以互相帮助和搀扶，总比孤军奋战要好得多。

c.准备好随身携带的拐杖。如果不慎摔倒或跌落，可以用拐杖支撑，缓冲跌倒的力度。另外，跌倒时的姿势也很重要，最好是把双臂伸开，尽量不要伤到脊椎，把伤害降到最小，也有助于后期的治疗。

B.逃生求助，你该如何应对？

a.利用身边的通讯工具求救。现在，手机信号已经覆盖得非常广泛，即便是在深山老林，你也可以利用手机向别人发出信息。另外，还要记住一点，当手机无法接收信号，或者电力极为微弱的时候，千万不要放弃，你还是能够拨通紧急救助专线的。所以，一定不要忘记把手机带在身上。

b.准备一只哨子。因为野外人烟稀少，一旦遇难，大声喊叫的声音所传播的范围非常小，而哨子则不同。野外活动经验比较丰富的人，外出时都会准备一只哨子，哨子声已经是大家约定俗成的求救声音。听到哨子声，附近的人就会知道你在寻求帮助。当然，如果你提前没有准备，那情况可能就大不相同了。

c.打包时，最好准备一些应急的物品，如手电筒、药品、胶布等，这些东西在关键时刻能救你的命。你还可以携带一些最先进的急救设备，比如铝展性夹板，这是一种轻型的软性铝夹板，带有具粘性的通风泡棉，携带方便，而且对骨折伤员很有用处。

C.骨折急救，你该如何应对？

a.发生骨折后，要先检查伤势，切不可随意乱动。如果立即移动，折断的骨头可能会刺入肌肉或伤到神经，造成肢体的再次损伤。

b.如果骨折处有伤口并伴有出血者，应该先止血再包扎伤口。包扎时要注意卫生，最好用干净的纱布，避免伤口感染。

　　c. 用夹板固定好骨折的肢体。拉妮的胳膊有 5 处骨折，但并没有伤到血管，用夹板固定，可以保证断裂的骨头不再移动，另外将胳膊系在身体上有助于减轻重量，具有进一步减轻疼痛和肿胀的作用。这些，都对她后期的治疗起了很大的帮助。

　　d. 如果你没有携带专业的夹板，也不用惊慌，在野外可以就地取材，比如树枝、竹竿、木棍、登山杖、冰镐、帐篷竿或背包上的背负支架等，只要有相应的长度、硬度且轻便的材料都可以用作夹板。

　　e. 用夹板固定时，夹板的长度、宽度要与骨折的肢体相称，固定时先固定骨折上端，后固定骨折下端。另外，在夹板和骨折部位的皮肤之间一定要用柔软的布料垫好，这样可以减少疼痛和避免感染。最后，捆绑时要松紧合适，保证血液循环正常。一名车手在加拿大乡村被撞断腿之后就是这样做的。他用树枝、绝缘带和塑料绳给受伤的腿做了一个夹板，然后行走 1.61 千米，获得了救助。

　　f. 如果你无法行动，还可以试试童子军的办法。一群童子军在阿巴拉契亚山脉利用登山杖、树苗、降落伞绳子和帐篷的空气垫做了一副担架，成功救出了体重 90.8 千克的伤者。

▲如果无法行动，要想办法做个简单的担架

## 电压袭人

**引言**

阳光明媚,你和家人正在河边露营。一根被风刮断的输电线落在了你的附近,7000伏特的电流从你的身体流过。面对如此情况,您该如何应对?

外泄的电流会给人体造成极大的危害。120伏特的电流就可以致命,几千伏特的电流从身体中通过的后果更可想而知。美国的盖尔·古德格尔就遇到了这样的事。她在露营时被7000伏特的电流击中,生死不明……

▶▶▶ 露 营

"收拾装备时,一阵大风朝我们吹来。我们都停下手中正在做的事情,停下来看看会发生什么。"盖尔和家人正在露营,他们对突如其来的狂风非常意外,不知道接下来会发生什么事情。

夏天已经悄然而至。为了让孩子们过一个愉快的暑假,盖尔一家和丈夫的哥哥一家决定到华盛顿的罗斯福河边露营。

这天,他们一行人有说有笑,开着房车来到河边。为了这次活动,盖尔做了充分的准备。她特意让丈夫租来了房车,不仅准备了露营的基本工具,还备齐了几天早、中、晚餐所需的材料,菜品丰富、多样,让人垂涎。

一下车,孩子们就迫不及待地支起了帐篷,大人们也忙活着整理救生衣、皮筏等水上用品。盖尔的丈夫罗德甚至还拿出渔竿,准备一会和哥哥鲍勃去河边钓鱼。

盖尔觉得这里是露营的绝佳场所。河面很宽阔，可以任意地划船或游泳。河边是大片的树林，整齐有序，树下也没有杂乱的藤蔓，很适合搭建帐篷和吊床。阳光透过树冠，斑斑驳驳地洒下来，完全没有夏日的炙热，让人觉得很舒服。

他们决定先去河里划船。毕竟是夏天，一活动就大汗淋淋。于是，没过几个小时就都返回了岸上。每个人都在享受着自己的好心情。一天似乎很快就过去了。

临近傍晚，盖尔发现天气有些异常，天上的云变多了，风势也开始加强，吹得人头发凌乱。树下支起的帐篷也差点被吹翻，盖尔的儿子和鲍勃的儿子马特正试图用一块帆布盖住它，避免被风吹坏。

天气的变化打乱了他们的露营计划。于是，她和丈夫决定先返回到鲍勃住的地方。就在他们整理地上的装

▼盖尔的儿子和鲍勃的儿子马特正试图用一块帆布盖住帐篷

◀ 盖尔·古德格尔呼喊着让儿子躲开,还好最后有惊无险

▶ 一根电线落在了他们的房车上

备的时候,一阵狂风吹了过来。他们都停下了自己手中正在做的事情,想知道接下来会发生什么事情。

盖尔站在旅行房车的篷盖下面,发现儿子头顶上的树干被风吹断了,似乎很快就要砸到他的头上。她大声朝儿子叫喊,示意他们避开那些大树,赶快朝自己这边跑。

"离开那里,孩子们!快跑!"罗德也发现了儿子面临的危险,紧张万分。

所有人的心都揪了起来。儿子和马特刚跑到房车旁边,树冠就落了下来,树叶还扫到了马特的后脑勺,掉在地上砸起了厚厚的尘土。真是有惊无险!盖尔刚才非常害怕,现在看到孩子们死里逃生,她长舒了一口气,庆幸所有人都安然无恙。

风过去了,周围恢复了平静。他们很高兴,又各自去做感兴趣的事情了。盖尔看了一下手表,认为应该去准备晚餐了。

就在她伸手拉车门的时候,意外发生了!

▶▶▶ 触 电

"这时,我知道自己肯定是触电了。我感觉眼前像蒙上了一层白色的面纱……我看不到天空、草地和大树，但我非常清楚发生了什么。我努力想把手拿开，但是手不能动。"盖尔此时的意识还是清醒的，但却无能为力。

刚才的狂风吹断了附近一根7000伏特的输电线，它正好落在了旅行房车的顶部，冒着闪亮的火花。电流迅速传遍了金属车身，现在房车已经成了一个危险的导体。

▼盖尔·古德格尔拉车门时已知道自己触电了

但是，盖尔并没有发现这些，她需要返回房车去取晚饭所需要的食物。就在她的手刚碰到车门的金属把手的时候，一股强大的电流通过了她的身体。

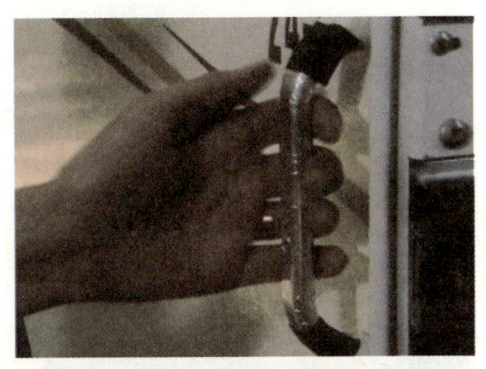

盖尔知道自己触电了。强大的电流在她的身体里流窜，她控制不住地胡乱颤抖起来。她觉得眼前一片朦胧，天空、大树都变得模糊起来。这种感觉非常糟糕。她想把自己的手从把手上拿来，但是手已经不听使唤。她还想到了大声求救，却发不出一丝声音。

意识到无法脱身，盖尔害怕极了。她觉得自己的处境非常危险，希望家人现在能看到她，希望他们发现她的情况，然后想办法救她，因为她没有办法救自己。

没来得及多想，颤抖了10秒钟左右，盖尔就直挺挺地倒在了地上。

"妈妈！"儿子听到响声，赶紧跑了过来。他发现妈妈闭着眼睛，僵

硬地躺在地上，脸色苍白。周围还散落了一些物品，冰箱也倒在了地上。

"爸爸，妈妈怎么了？"他感到非常惊恐和害怕，不知道妈妈为什么会躺在地上，连忙朝不远处的爸爸大喊。

听到儿子发抖的声音，罗德转身发现妻子平躺在房车旁边，他大吃一惊，迅速跑了过来。很快，罗德意识到妻子已经昏迷。他跪在地上，把手伸向她，试图唤醒妻子。

"盖尔！"罗德大声喊着妻子的名字，但是她没有一点反应。

就在罗德越来越靠近妻子时，他突然发现妻子和他的右手之间有什么东西闪了一下，他感觉到那是一道非常细的电弧，有点儿像闪电，是亮蓝色的。

罗德知道妻子身上已经带电了，她肯定是遭到了电击。他一下子就慌了，不知道该怎么办。儿子在一旁已经吓得哭了起来，罗德摆着手势，尽量使儿子平静下来，也使自己平静下来。

他记得以前听别人说过不要碰触电的人，否则可能也遭到电击。但是他顾不了那么多了，他觉得自己必须做些什么。于是，他用手抓住妻子，往自己身边拉。

"啊！"罗德惊叫了起来。他碰到妻子时受到了强烈的电击，连忙缩回了手。

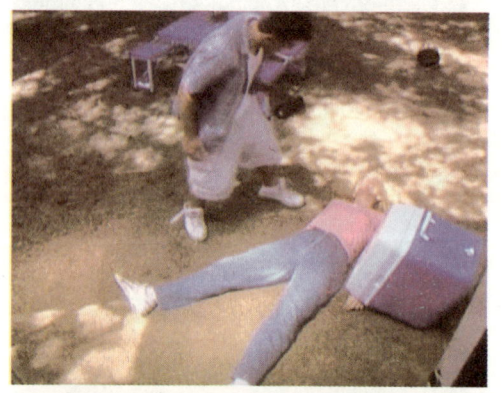
▲盖尔·古德格尔最后僵直躺在了地上

▼罗德转身看见妻子躺在地上，大吃一惊

罗德很快镇定下来，他知道如果不尽快想办法救人，妻子就会死掉。他的大脑在飞速旋转。他想，如果自己抓住她以后再尽快松手，也许可以慢慢移动她，让她滚到自己这边来，这样自己也可以避免受到强烈的电击。

罗德迅速翻动着妻子的身体，停顿几秒钟，再继续翻动。他觉得妻子的身体非常僵硬，浑身紧绷，就像是一根原木。她的情况不是很妙，但容不得罗德停下来察看，他必须迅速把妻子转移到安全的地方去。显然，这个办法的效果还不错。大概翻滚了四五次，妻子就离开了触电的地方。

停下来后，盖尔身上的电流已经消失。罗德仔细看了看妻子的脸，发现她的牙关紧咬，没有一点活着的迹象。

### ▶▶▶ 急 救

"鲍勃，盖尔触电了！"罗德无法让妻子张开嘴，也不能给她实施心肺复苏术，于是寻求哥哥的帮助。

▲在罗德靠近妻子时，感觉到了电流，于是想办法，慢慢让妻子的身体远离了触电的地方

盖尔触电时，鲍勃一家正在树林的另一边活动，所以没有发现盖尔的遭遇。听到罗德的求救声，鲍勃急忙从座椅上起来，叫上帐篷中的儿子马特，向罗德

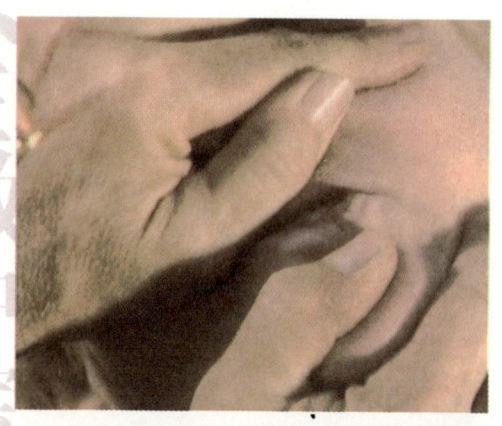

▲妻子牙关紧咬,没有一点活的迹象

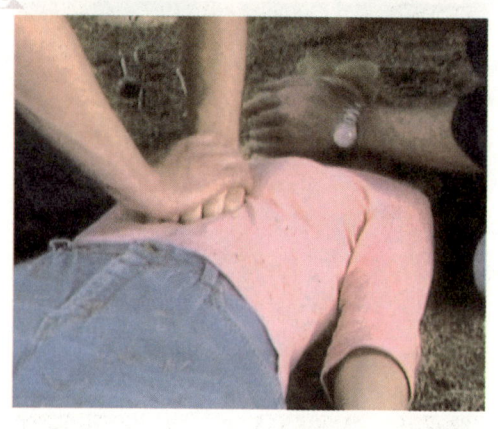

▼两个人在给盖尔·古德格尔做心脏复苏术,因为她的身体已经僵硬了

这边跑来。

几秒钟后,父子二人就来到了跟前。

"出什么事了?"鲍勃焦急地问罗德,他发现躺在地上的盖尔身体僵硬,脸色苍白,情况非常不好。

得知触电后,鲍勃俯下身来检查盖尔的情况,他发现盖尔没有脉搏,也没有呼吸,就像已经死过去了一样。于是,他决定立刻开始实施心肺复苏术。

由于盖尔的牙关紧咬,很难让空气进去。而她脸颊上的肉都紧绷着,似乎很难让她张开嘴。于是,鲍勃跪在她的头边,直接把手指塞进她的嘴里,向下拉她的下颚。她的身体非常僵硬,费了很大力气才把嘴掰开一点。

马特曾经学习过心肺复苏术,他知道两个人一起做的效果比较好。这关系到亲人的生死,他立刻蹲下来,和爸爸一起对姐姐实施急救。

鲍勃负责给盖尔做人工呼吸,马特帮忙做胸压。吹完一口气,他就会停下来,等儿子做完心脏按压后,再吹进下一口气。两个人一前一后,一直不间断地重复着这个动作。

大家都很替盖尔担心。就在他们急救的时候,马特的母亲林恩·古德格尔拨打了电话,告诉救护人员他们的具体位置和盖尔的情况。

盖尔的儿子和女儿站在妈妈旁边,看着伯父和哥哥在不停地做着人工呼吸和按压,而妈妈却没有一点反应。他们都很害怕,默默地为妈妈祈祷,希望她能够快点醒过来。

罗德坐在妻子旁边,抱着她的头,抚摸着她的头发。每隔几秒钟就把手放在她的脖子上,希望能够感受到她的脉搏。

所有的人都在尽最大的努力帮助着盖尔。

▶▶▶ 绝　望

"那一刻,我害怕会失去我的妻子。"罗德始终没有感觉到妻子的脉搏,这让他有了一丝绝望。

鲍勃和马特已经为盖尔做了很长时间的人工呼吸和胸压,但好像什么都没有发生。盖尔依然没有脉搏和呼吸,她的脸色还是很苍白。两个人有些焦急,甚至开始怀疑他们的抢救是否对盖尔有用。尽管如此,他们还是在一刻不停地抢救着。

盖尔的儿子看到妈妈还是僵硬地躺在地上,觉得妈妈就要死了。他害怕到了极点,不能接受就这样失去宠爱自己的妈妈,再也控制不住,搂着旁边的姐姐科琳,歇斯底里地放声痛哭起来。

科琳也完全被吓呆了。她从来没有见到过这样的场面。在科琳的印象里,妈妈一直是一个坚强的人,而现在她的脸和她的身体都非常僵硬,已经失去了生气。看到妈妈不能说话,科琳的心里也充满了绝望,觉得妈妈已经死了,这是最让她害怕的,简直是

▼盖尔的女儿吓得哭起来

个晴天霹雳。

两个孩子站在妈妈身边,哭声震碎了大人们的心,尤其是罗德。他一直在抚摸着妻子的头发,呼唤着妻子的名字,期盼她能够睁开眼睛,哪怕就看自己一眼。他不想就这样失去幸福的家庭,不想让孩子们失去妈妈。如果妻子就这样离他们而去,那么以后的日子里也将不再有欢歌笑语。罗德抬起头看了看两个伤心欲绝的孩子,又看了看僵硬的妻子,也忍不住低声抽泣起来。

"盖尔,盖尔,求求你快点醒过来吧!"罗德在妻子身边不停地说着,心里默默祈祷着。

难道盖尔就这样离他们而去了吗?

### ▶▶▶ 生 还

"我首先听到了他们的声音。他们非常担心,都在呼唤我的名字:'盖尔,盖尔'。我睁开眼睛,发现自己躺在地上。我忘了发生过什么。"天渐渐黑了下来,在鲍勃和马特的帮助下,盖尔醒了过来。

▼在罗德靠近妻子的时候,感觉到了电流,于是想办法,慢慢地让妻子的身体远离了触电的地方

就在大家都伤心绝望的时候,鲍勃发现盖尔咳嗽了一声,虽然声音很微弱,但他还是很惊喜。他停下来,告诉了大家这个好消息。

"太好了,我们成功了!"鲍勃对围上来的亲人们说。他看到盖尔有了心跳和呼

吸，心里非常高兴。这种救回亲人生命的感觉非常好。

罗德也在第一时间发现妻子又有了呼吸，他知道妻子没有死，心里抑制不住地激动起来。他觉得也许是自己的祈祷让妻子重新回到了身边。

他看到妻子咳嗽了几声，有气无力，嘴里还语无伦次地说了些什么，说得不是很清楚，根本就听不懂。最后，她才慢慢睁开眼睛。

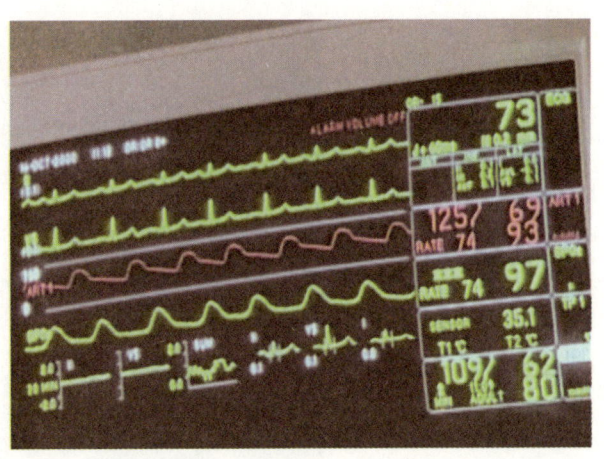

▲医院为盖尔·古德格尔的身体进行了进一步的观察

盖尔睁开眼睛后，发现自己躺在地上，亲人们都围着她，女儿和儿子的脸上还有眼泪。她不知道自己发生了什么事情，只是觉得迷迷糊糊地听到别人在叫她的名字，然后就像是从睡梦中醒过来似的。

他们把盖尔慢慢扶起来，询问她触电的原因，结果她自己也不清楚。最后，他们在房车旁边找到了落下的输电线，才知道盖尔是被电击中的。

天已经黑了，急救人员赶到现场，盖尔被迅速送往最近的医院。

医生检查发现，她的身体出现了大面积水肿，这样的滞后症状非常危险，需要进行进一步的仔细观察。她的腿和脚肿得也很厉害，很可能会破坏血液循环。

盖尔留院观察，治疗了几天。幸运的是，她最终没做手术，只进行了一些基本的药物治疗就康复了。

▶▶▶ 庆　幸

"我知道自己真的很幸运，我的家人在我需要他们的

女性救护宝典

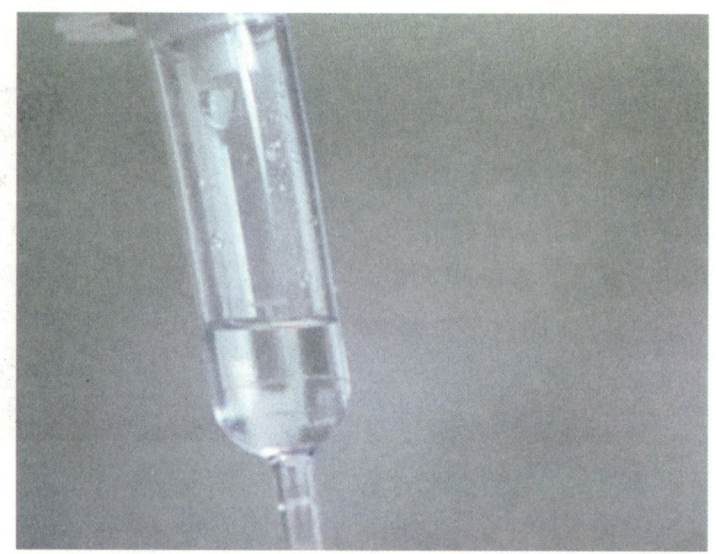

▶ 在医院进行治疗

时候知道该做什么。"盖尔觉得自己能够死里逃生,还要感谢亲人们及时给她做的抢救。

盖尔不清楚是什么力量支撑自己活了下来,也许是亲人的爱和呼唤。她现在也不敢想象,如果当时自己没有醒过来,一双儿女怎么办,幸福的家庭也许就从此破碎了。所以,他们一家人都非常感谢鲍勃、吉恩和马特,感谢他们在紧急时刻把盖尔从鬼门关里拉了回来,让他们一家得以团圆。

再次回想起这次经历,盖尔仍然心有余悸。120伏特的电流就能致命,她接触到了7000伏特的电流,却活了下来,这简直是个奇迹,连医生都觉得这简直是不可能发生的事情。

现在,盖尔一家还会经常去野外活动,好像大家很快就忘记了那次惊心动魄的事故,没有人再愿意提起。

盖尔一直觉得自己是幸运的,幸运得连死神都要避她而行。她希望这份好运能一直伴随着自己,当然还有她的家人。

# 如何应对？

接触带电的物品时，一定要小心谨慎，每年都有几千个人触电身亡。如果你也和盖尔一样，不幸意外触电，下面的方法也许对你有些帮助：

▲及时拔断电源

▼如果有人触电，要用非金属的物体，让它远离电源

**A.意外触电，你该如何应对？**

a. 有人触电，首先应该迅速拔掉电源。但必须多加小心。电流会沿着最短的路径流向地面，所以当盖尔碰到金属框架的时候，电流通过了她的身体。在拔插头或关闭开关前，你最好站在绝缘体上，比如一堆报纸或一个橡皮垫。

b. 如果无法切断电流，你应该将伤员拖离带电体，越快越好，因为电流作用的时间越长，伤害越重。记住不要直接碰他们，人体能够导电，电荷会从他们的身体直接流向你的身体。你应该借助一个非金属的物体，比如木质或塑料的扫帚柄。另外一种方法是用一根绳子或者一条毛巾套住他们的腿或

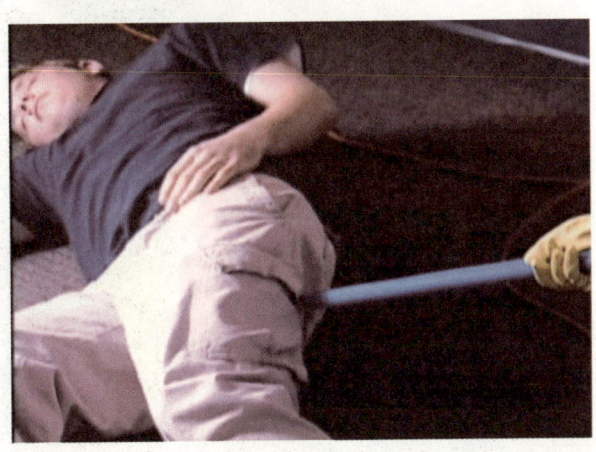

手臂，然后用力拉他们。

　　c.对于一时无法应对的事故，如高压触电，应立即通知有关部门停电，或迅速拉下开关，或由有经验的人采取特殊措施切断电源。

B.紧急抢救，你该如何应对？

　　a.触电不太严重，触电者的神智比较清醒，呼吸心跳都正常，这时不需要紧急的抢救。转移到安全的地带后，要平躺下来休息，一定不要站立或者随意走动，防止引发休克或心力衰竭。

　　b.触电很严重，呼吸已经停止时，应立即进行人工呼吸。如果呼吸停止，心脏也不跳动了，就应同时采用人工呼吸和心脏挤压两种方法进行抢救。两种方法要交替进行，以1：5的比例为标准，即人工呼吸1次，心脏按压5次，千万不能同时进行。

　　c.要有耐心，就像鲍勃和马特那样。抢救触电人，往往需要很长时间才能把人救活，中间不能停止。经过长时间抢救后，如果触电者面色好转，嘴唇红润，瞳孔缩小，心跳和呼吸逐渐恢复，才能算初步脱离危险。只有在抢救确实无效，经断定触电人确已死亡，才能停止抢救。

　　d.将灼伤或起泡的皮肤表面保护好。灼伤的范围一般很小，但症状却都很严重，因此，要用干净布料覆盖伤处包扎，防止伤口污染。

　　e.触电较严重时，在就地抢救的同时，要及时与医疗单位取得联系，寻求他们的帮助。

▼用一根绳子套住触电人的腿或手臂，也是救护触电者的好方法

因为有些电烧伤的伤势从表面上看似乎很轻，但是内伤是相当严重的。对于呼吸、心跳全无的伤者，在转移到医院的途中也不能停止抢救。

**C.减少危险，你该如何应对？**

a. 在家中时，要定期检查、维修电器设备，及早发现问题，避免可能发生的意外，把危险降到最低。如果家中有小孩，最好把电器插座安装在略高的位置。

b. 具有安全用电的意识，电线不能随处乱拉，也不能有裸露的线头在外面。发现后，要妥善处理或者寻求有关部门的帮助。

c. 雷雨天不要站在高墙上、树木下、电杆旁或天线附近。在野外活动时，也要尽量避开有电线的地方。如果盖尔他们在停车时，就注意到了附近的输电线，把车停在别的地方，就可能避免这次事故的发生。

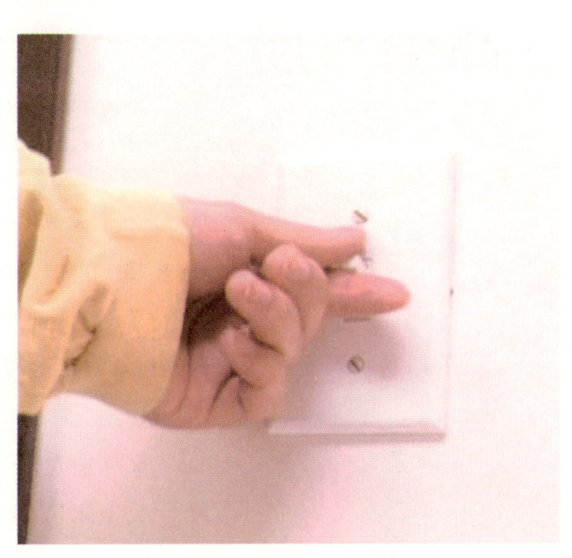

 **你知道吗？**

**什么措施可以避免孩子遭受电流袭击？**

你知道吗？年幼无知的孩子经常会遭到电流的伤害。很多时候，他们并没有直接接触到电流，都是通过导体传播的，比如通过手中的玩具。有一些玩具看上去毫无伤害，但是碰到电线却非常危险。你要怎样才能避免孩子遭受电流的袭击呢？

# 高山雪崩

> **引言**
> 您正在布满积雪的高山上修理矿井，突然发生了雪崩，您被埋在了十多米深的积雪下面。周围冷彻骨髓，空气稀少，您该如何应对？

雪崩具有极强的爆发力和破坏力，能够在瞬间掩埋所经之地上的一切物体。遭遇一次雪崩，就可能会致命。美国科罗拉多州的莱斯特却在一天中不幸遭遇了3次。他被压在10多米深的积雪下面，差点冻僵……

▶▶▶ 掩 埋

"杰克，基本上好了。我们可以回家了。"莱斯特招呼着自己的同事，收拾工具，准备收工回家。

莱斯特是一名敬业的矿井修理工人，平时在杜兰戈上班。每逢周末，才能回9小时车程远的

▶雪崩前布满积雪的山坡

大强克逊（科罗拉多城市），和家中的妻子、儿子团聚。他非常爱自己的妻儿，每次都觉得团聚的时光那么短暂，因此一直在寻找机会调回大强克逊工作。

这天，莱斯特和同事杰克驱车到杜兰戈远郊的一个山坡上修理矿井。两个人在一起搭档了很长时间，已经成了要好的朋友和哥们。

由于这里连续下了几天的暴雪，放晴后又融化掉一些，矿井上面覆盖了1米多厚的冰雪层，在阳光的照耀下还有些刺眼。他们得用铁锹清理干净后，才能察看矿井的情况。

两人把装备卸下来就开始工作了。尽管周围天寒地冻，呼出的热气似乎很快就会凝结成小冰粒，他们却没有感觉到特别寒冷。清理了1个多小时后，莱斯特就觉得自己的后背出了一层热汗。

明天就是周末，可以回家和亲人团聚了。一想到这个，莱斯特干得更加起劲，清理工作持续了3个多小时，有些筋疲力尽，他却一刻钟也没有停下来休息。当然，他也鼓动着杰克，让他也加快工作的速度。

清理完毕后，莱斯特跳下矿井检查，他发现里面的设备因低温不能正常工作。这是一个非常难修理的故障。

▲莱斯特和同事杰克正在清理矿井上的积雪

▼清理一个多小时候，莱斯特后背上开始冒热气

▲ 远处传来的轰隆隆的响声，打破了山坡的平静

杰克也跳了下去，两个人一直忙活着，到了午饭时间也没有停下来，只想着抓紧时间把活干完。因为早晨的天气预报说，下一场暴风雪会更加猛烈，他们知道要是被风雪困在山上将是非常糟糕的事情，因此必须在风雪来临之前把活干完。

不知不觉到了下午，经过两人的努力，矿井恢复了正常。

莱斯特不想在这冰天雪地里多待一分钟，恨不得现在就飞到妻儿的身边。他边和杰克说话，边收拾自己的工具箱。突然，他听到远处的山顶上传来"轰隆隆"的响声，打破了山林的沉静。

他连忙抬头向山顶看去，被看到的景象惊呆了。发生雪崩了！根本来不及躲避，积雪就涌了过来，砸在莱斯特的脸上、身上。

他被卷进了奔涌的积雪中，向着山坡奔去。他的身体在不停地翻滚、旋转，就像是扔进了洗衣机里，没有一丝停下来的意思。

莱斯特感觉自己手足无措、非常害怕。这是他所能想到的最恐怖的一幕，没想到却发生在了自己的身上，狂暴的大自然似乎执意要置他于死地。

这场雪崩持续了1分多钟。不知道翻滚了多少圈，莱斯特停了下来，他觉得头晕得厉害，周围一片漆黑，不知道自己置身何处。

此时的莱斯特不可能想到，自己已经被埋在了10多米深的积雪下面，相当于3层楼的高度。

▶▶▶ 逃　生

　　"我当时分了4步：先用手挖前面的雪，再把雪堆到胸部，再推到膝部，最后推到身后。"莱斯特不想冻死在雪底下，开始积极挖掘逃生的通道。

▲莱斯特在雪中翻滚着

停下来后，莱斯特根本分不清上下左右，于是打开了安全帽上的探照灯，这才意识到自己被埋在了雪下。他用手指抠着灌进嘴里的积雪，好不容易才清理干净。

"杰克！你能听到我吗？杰克！杰克！"莱斯特想起了朋友杰克，不知道他是否就在自己周围。呼喊了几句后，没有任何回应。莱斯特有些担心，他认为杰克已经遇难了。

周围的空间很小,有一种窒息的压迫感。上面积雪的密度很大,空气根本进不来,莱斯特觉得呼吸越来越困难。为了节省有限的氧气,他开始很轻、很慢地吸气。这多少起了一点作用,他的呼吸慢慢平稳了下来。

身边除了自己的呼吸声,再没有任何的气息。莱斯特开始感到孤独和害怕。直到今天,他才真正体验到了大自然的威力。在这片狭小的空间里,他觉得已经失去了所有的行动能力,似乎只能眼睁睁地等待着死亡的降临。

他想到了家中的亲人,不忍心就这样离他们而去。泪水忍不住流了下来。莱斯特就这样躺着静想了一会儿,他意识到自己还年轻,不能就这样放弃生命,一定要克服眼前的巨大困难,争取活下去。

他知道要想逃离这里,首先要确定好正确的方向。他能感觉到泪水和黏液是顺着双颊流下来的,说明自己是仰卧在雪堆里。确定完这一点,他开始在数吨重的积雪下面挖掘自己的逃生通道。

虽然积雪下面的空间让莱斯特感到呼吸有些困

▼好不容易停了下来,莱斯特已经辨不清方向

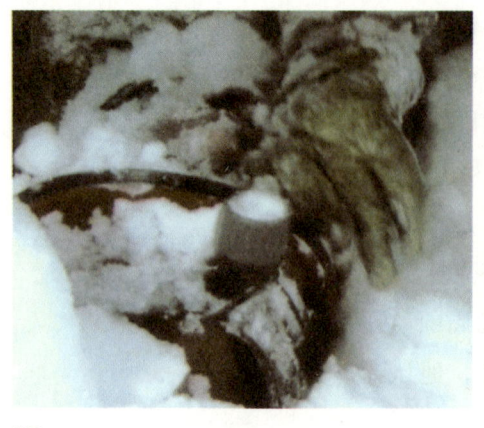
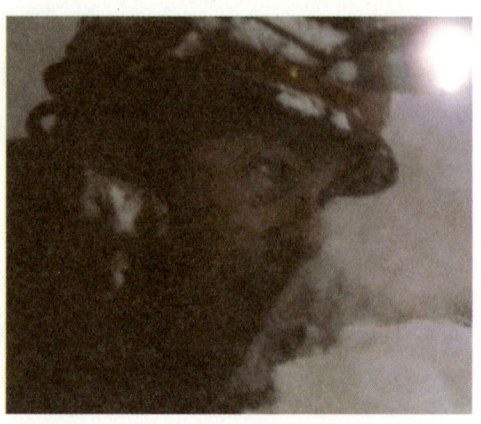

▲莱斯特开始挖自己身旁的积雪

难,但他的思维还是很清醒的。他把挖掘工作分成了4步:先用手挖前面的雪,再把雪堆到胸部,再推到膝部,最后推到身后。这样,整个挖掘工作显得有条不紊。

每前进一步,莱斯特都要付出极大的努力。他既要清除眼前的积雪,又要安置挖掉的积雪。尽管非常劳累,他并没有打算放弃,因为他怕死,不想自己就这样死掉。强烈的求生欲望驱使他一直不停地挖,不停地挖,他坚信一定能挖出一条生路。

挖一会,莱斯特就会看一眼腕表来确定时间。他坚持隔半小时就停下来休息一次,避免出太多的汗,还可以调整呼吸。他多少有一点这方面的知识,知道在极度寒冷的温度下,出汗会使人的体温急剧下降,这样有可能把自己冻僵。

挖掘的时候,格莱特的脑子里只有一个念头,就是尽快挖通通道。一停下来休息的时候,他就忍不住地想念自己的家人,尤其是妻子。他一直想自己肯定能出去,活着见到妻子。他甚至觉得妻子现在就在身边抚摸自己,这给了他很大的信心。

莱斯特一点点向前挪动着,他觉得自己的双手都有

▲坚持24小时后，莱斯特闻到了第一缕新鲜的空气

些僵硬，不听使唤了，但他没有放弃。

将近24个小时后，筋疲力尽，但又斗志昂扬的莱斯特终于呼吸到了新鲜的空气。整整一天，他凭借自己的双手和顽强的意志，从10多米的积雪下挖出了一条生命的通道。

这简直就是个奇迹，让人非常震惊！

▶▶▶ 寒 冷

"没用多长时间，我就在积雪下面挖了一个可以让我蜷缩在里面休息取暖的小洞。"山上的天气异常寒冷，莱斯特不得不寻找躲避严寒的方法。

刚从积雪下出来，莱斯特显得非常兴奋。他觉得自己的努力并没有白费，终于成功了，又可以活下去了。但是，仅过了几秒钟，他的兴奋劲儿就消失了。外面狂风大作，寒冷刺骨，被吹起的积雪胡乱地打在脸上，眯得人睁不开眼睛。

莱斯特看了一下表，还有一个小时天就黑了。于是，他决定重新爬上山顶，再寻找新的出路。他尝试着在雪地里走了几步，发现积雪非常深，几乎没到了胸部。从厚厚的积雪下面把腿拔出来是一件非常困难的事情，并且每挪动一步，就会被狂风吹得东倒西歪。在这种情况下，过了很长时间，他只前行了一小段距离。

他意识到，要重新爬到山顶根本是不可能的了，自己现在哪儿都去不了，恶劣的天气让人寸步难行。

就这样在冰天雪地里呆着，人迟早会被冻僵的。此刻，莱斯特觉得严寒已经到了难以忍受的地步，必须要想一个躲避寒冷的办法。

山坡上一片苍茫，除了伫立着的树木，就只剩下了这满地的积雪，根本没有现成的躲避场所。他决定重新挖一个大雪坑，然后就可以躲在里面避一避风雪，至少可以暖和一下，总比站在雪地里强多了。

莱斯特的双手已经冻得再挖不动一点雪。他解下头上的安全帽，这是他身边唯一可用的挖雪工具。用安全帽一下下地挖着，没用多长时间，他就在积雪下面挖了一个可以让自己蜷缩在里面休息取暖的小洞。然后，他又设法找了一些松树枝，把它们铺在雪洞里面，在人和雪之间形成了一个隔层。

一个简易的避难所就这样形成了。莱斯特躺下来，就像小狗那样，把身体整个蜷缩起来，只有这样才能让自己暖和点儿。过了几分钟，他感觉浑身冰凉，双手冻得最厉害，因为手套早不知道什么时候被他弄丢了。于是，他从衬衫上撕了一块布，把双手裹了起来。

狂风还在肆虐着，吹起的雪花很快就在莱斯特的身上落了一层。尽管雪洞挡住了一点风寒，他还是觉得自己就要冻成了冰棍儿。他摸索着身上所有的口袋，企图从里面找到一些可以取暖的东西。

最终，他在衣服的内侧口袋里找到了半盒火柴和一些收据。为了取暖，他颤抖着把它们拿了出来，有好几次都差点掉到地上。

▼地面上很冷，莱斯特找来木柴，挖了个浅洞，准备取暖

▲ 微弱的火苗给了他久违的温暖

手冻得越来越不听使唤，尽管这样，他还是设法点着了一张收据。微弱的火苗给了他久违的温暖，但是火没有维持多长时间，甚至他的左手还没有来得及靠拢过来，就熄灭了。

莱斯特又连接点燃了几张收据，得到的热量如同昙花一般，瞬间就被寒冷的黑夜吞噬了。他反而觉得越来越冷，身上的血液似乎已经凝固，全身没有一处温热的地方。这时，如果有人让他用他的新房子来换一堆火的话，他肯定也不会犹豫。对他而言，温暖才是最亲切的，剩下的一切物品都是不屑一提的身外物。

有好几次，他都觉得自己快要支撑不住，冻死在这冰天雪地里了，但他一直鼓励自己坚持下去。他坚信，只要能挺过一晚上，他第二天就有可能获救。

莱斯特真的能够平安度过这个寒冷的雪夜吗？

### ▶▶▶ 再　埋

"我清楚地听到了积雪滑动的声音。很显然，雪崩再次爆发了。"毫无准备，同样的灾难再次降临到几乎快被冻僵的莱斯特身上。

莱斯特蜷缩在雪洞里，咬紧牙关在严寒中坚持着，他不想自己就这样离开人世。但是，上帝显然并不同情他的遭遇。到晚上8点左右，不可思议的一幕发生了。

他再次听到积雪滑动的声音，和第一次听到的非常相似。他意识到，又发生雪崩了。短短几秒钟后，他的藏身之地被滑落的积雪掩埋了，他又一次被压在了雪下。与第一次不同的是，这次他有了自己挖的雪洞，活动的空间稍微大一些，呼吸也比第一次顺畅一些。

这些似乎都不是莱斯特所关心的，现在最让他难以忍受的就是寒冷。他躺在洞里，尽量把自己缩成一团，浑身不停地颤抖着。他的手指头已经僵硬，好像脆生生的胡萝卜，不小心就会被掰断。

他的意识也越来越模糊，自己似乎很快就要睡过去了。为了清醒一些，莱斯特嘴里一直说个不停，祈祷上天能让他平安回家。这种情形就像是在和别人对话，其实只是他在自言自语。

好不容易熬到了第二天清晨，莱斯特再次振作起来，开始挖雪。幸好这次的积雪不是很厚，只有1.5米。用了两三个小时，他就挖通了自己的逃生通道。

爬出来后，莱斯特决定赶紧下山。他在雪地里踉踉跄跄，连爬带滚，只想迅速离开这个充满灾难的地方。

就在这时，他听到远处传来直升机的声音，紧接着

◀ 在下面休息了一晚上后，又开始挖雪

▶ 终于来到了地面上

是剧烈的爆炸声。他愣住了，抬起头想弄清楚发生了什么事情。

爆炸的强大威力再次引发了雪崩，积雪滚滚而来。莱斯特试图跑向安全地带，但为时已晚。他已经深切地体验了雪崩带来的痛苦，不想再次被雪掩埋。于是，他迅速抱住旁边的一棵大树，试图爬到树上去。但是，眼看着积雪扑面而来，他已经吓傻了，仿佛根本就不知道爬树这个动作该怎么做。

雪块从山顶崩塌下来，时速高达241.5千米，甚至322千米。各种各样的东西一股脑地砸向他的脑袋。这次雪崩比前两次还要凶猛，莱斯特害怕得要死。他双臂死死地抱着树干，任凭积雪如何冲击身体，

▲爆炸声又一次引来了雪崩

▼这次，莱斯特紧紧地抓着一棵大树，不让自己随积雪滚下去

就是不松手。他知道，稍有放松，就会被疯狂的雪流吞噬。

雪崩结束了。莱斯特的周围堆满了雪，他的双腿已经深深地埋在了雪堆了。幸运的是，这次他并没有随着积雪滑下去，多亏这棵树给他提供了可靠的保障。

这也许是不幸中的万幸！

▶▶▶ 获 救

"看到救援直升机的时候，我还有些不敢相信。我觉得，那是我听过的最美妙的声音。"莱斯特确定自己可以活下去了。

莱斯特挣扎着从雪堆里爬出来，决定继续前行。这

时，他听到了由远及近的直升机的声音，这让他很兴奋。

他知道自己真的已经撑不住了，一定要抓住这次机会，离开这冰天雪地。他的眼睛一眨不眨地盯着声音传来的方向，希望尽快看到直升机的身影。几分钟过去了，飞机还没有出现在视野内。

也许救援人员根本就不会搜寻自己所在的山坡，莱斯特的心中充满沮丧。他不明白为什么命运如此捉弄自己，一天之内连遭3次雪崩，差点命丧雪底。现在，好不容易盼到了救援人员，却还是和自己擦肩而过。

难道自己真的要丧身于这个冰冷的世界？他已经在雪地里呆了好几天，挖通道、打雪洞、抗雪崩，身上的能量和热量几乎耗尽，现在是已没有能力独自走出这片积雪。

▲直升机的声音传来

▼莱斯特朝着直升机使劲地喊着，上下挥舞着手臂

就在莱斯特失落、绝望的时候，一架小型直升机从山顶飞了过来。这让他欣喜若狂。

"嗨！嗨，我在这儿！"莱斯特大声呼喊着，不停挥舞自己的手臂，上下跳跃，以引起直升机上救援人员的注意。这显然起到了作用。

救援人员发现了莱斯特。他们放下一条吊绳，把他拉上飞机。查看了他的伤情后，决定立刻把他送到最近的医院进行冻伤治疗。在飞机上，莱斯特才知道刚才的爆炸，是救援人员在山上投放了一些炸弹，以确保积雪比较安全，这样他们才能进行着陆。

经检查发现，莱斯特的伤情非常严重。他的双手都冻伤了，根本不能动，从手腕以下的皮肤全部损伤，包括指甲等等。手

指都露着嫩肉，非常恐怖。根据这种情况，医生为他紧急实施了手术，切除了2根坏死的手指，又给他的双手敷上必需的药膏，裹上绷带，以避免进一步的感染。

在医院里，莱斯特见到了从大强克逊赶过来的妻子。原来，几天没有莱斯特的消息，妻子已经报警。她在家焦急地等待着，终于等到了丈夫的消息。于是，连夜坐了9个小时的车赶到医院。

终于又见到了妻子，又回到了她的身边。莱斯特握紧妻子的手，一刻也不想松开。他觉得此时是世界上最幸福的人。

身体恢复以后，他从救援人员那里得知，朋友杰克在第一次雪崩时就不幸丧生了。这令人非常难过。

▶▶▶ 感 应

"现在回想起来感觉真是太不可思议了，比如当时我感觉妻子就在身边，而且在抚摸我，这点我记得很清楚。这给了我很大的信心。"

直到今天，莱斯特还是无法忘记自己的逃生经历和当时的幸运。家人和朋友们也都觉得莱斯特是幸运的。通常，一次雪崩就足以致命，但他却在一天之内躲过了3次。他之前从来没看过有关雪崩方面的书，也不知道怎样应付雪崩，所做的一切都是现学现用。莱斯特认为，他能活下来还多亏了那棵树，所以就算是现在，他也能认出那棵救命树。

▼如今，一家人幸福地生活在一起

最让莱斯特惊奇的是,被埋在积雪下面时,自己的心一直在和妻子交流,他们的心灵是相通的。而妻子在去医院的路上,也不停地诉说,就像丈夫就在自己的身边一样。这也许就是所谓的心灵感应。

现在再提起这些事,妻子还是忍不住地想哭,她知道丈夫是真正爱自己的,对此她毫不怀疑。

严重冻伤后,当天气寒冷时,莱斯特身体的反应已经大不如前。因此,只要天气稍有变化,妻子就会找出厚衣服,让他穿上。经历这些后,两个人更加恩爱,他们觉得能够在一起的生活非常幸福。

## 如何应对?

在高山冰雪地区活动时,遭遇雪崩的可能性极大,需要做好必要的准备。如果你也和不幸的莱斯特一样,突然遭遇雪崩,可以试试下面的一些方法:

▼遭遇雪崩要朝边缘跑,不能向下跑

A.躲避雪崩,你该如何应对?

a.在雪崩危险期间,如降雨、大雪、大雾、吹暖风时及其后两天内,最好不要进入雪崩的危险区,避免发生意外。

b.尽量不要穿越斜坡地带。如果必须穿越,不要单独行动,也不要挤在一起,应一个接一个地走,后一个出发的人应与前一个保持一段可观察到的安全距离。

▲狗扒式泳姿，最容易逃离雪崩

c. 注意雪崩的先兆，例如冰雪破裂声或低沉的轰鸣声，雪球下滚或仰望山上见有云状的灰白尘埃。发现这些后，要迅速逃离。

d. 逃跑时，不要直接朝山下跑。雪崩的速度可到每小时 200 千米，向下逃跑时，可能会被冰雪掩埋。这时，你应该向山坡两边跑，或者跑到地势较高的地方。在逃跑的过程中，要抛弃身上所有笨重物件，如背包、滑雪板等，这些只会给你增加负担。

e. 如果无法摆脱，闭口屏息是最好的选择，因为气浪的冲击比雪团本身的打击更可怕。被冲下山坡时，尽量让自己浮在雪上面，不要正对着崩裂的雪块，以仰泳或狗扒式泳姿逆流而上，逃向雪流边缘。爬出积雪的时间越短，获救的可能性就越大。

f. 要尽可能地抓住树干或其他安全的物体。莱斯特在最后一次雪崩时，就是牢牢抱住树干，才生存下来。

### B.被雪掩埋，你该如何应对？

a. 保持冷静非常重要。生存专家科迪拥有近 20 年的从业经验，也是"野外生存学校"的创建者。他认为雪崩时被埋在积雪下面，首先要保持冷静，过分紧张或害怕不会起到任何作用。

b. 雪崩结束后，一定要奋力破雪而出，因为碎雪很快就会凝成硬块，使手脚活动困难，逃生难度更大。如果积雪很厚，一时无法出去，你必须运用双手双脚在内部挖掘一个空间，以便赢得生存时间。

c. 长时间埋在雪下，外面的空气进不来，里面的氧气毕竟有限。这时更不能惊慌，惊慌会换气过度，这样氧气消耗会更快。即使感到喘息困难，也要尽量让自己的呼吸平静下来，尽可能地节约氧气，赢得更多的生存时间。

d. 尽快挖出逃生通道。这时，时间就是生命。早一分钟从积雪下面出来，就多一分生还的希望。

e. 被雪崩时的散雪掩埋后，一般都会暂时失去方向感。莱斯特的做法值得借鉴，那就是利用重力或光照来确定出口方向。你可以抛雪球或者吐唾沫来确定方向，重力是不会撒谎的。另外，你还可以查看雪的颜色，浅色代表光照，朝这一方向挖肯定不会有错。

## C. 逃生求救，你该如何应对？

a. 如果你和同伴都遭遇了雪崩，那你要尽快告诉他你的确切位置，争取能够呆在一起。这样，你们可以相互鼓励和取暖。面对困难，两个人总比一个人好一些。

b. 标注好自己的位置，可以防止在雪地里迷路，又便于搜救人员及时找到你。不管是滑雪杖还是色彩鲜艳的布料，这些都可以用来标示自己的位置。

c. 雪崩后，应该及时清理自己的口鼻，以保证呼吸道通畅。还要节省体力，等听到有人时再大声呼救。否则，茫茫雪海，任凭你如何喊叫，只会消耗自己的体力和能量。

d. 如果体温急剧下降，可以挖个临时的躲避场所，也可以尽力寻找一点生火的物品，就像莱斯特那样，收据、纸条都可以用到。还要避免出汗，这只会让你更加寒冷。一定要坚持住，关键时刻，甚至连坚强的意念都可以帮助到你。

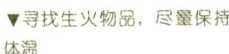
▼寻找生火物品，尽量保持体温

# 过敏反应

> **引言**
> 你开车带着女儿和女儿的朋友去参加派对。在返回的路上，女儿的朋友出现了严重的过敏反应。她嘴唇发青、呼吸困难，你该如何应对？

过敏是一种常见的顽固性病症，有很多种类，如食物过敏、药品过敏、化妆品过敏等。如果掉以轻心，过敏反应也可能是致命的。玛丽亚·琼斯就有过这种经历，她亲眼看见女儿的朋友特里安妮·奥福特在毫不知情的情况下吃了一些东西，差点丧命……

### ▶▶▶ 过 敏

"克里斯汀和特里安妮在车后面玩得很高兴。突然特里安妮就开始咳嗽起来，我以为她卡住了。"当时，玛利亚并没有发现特里安妮出现的是食物过敏症状。

玛利亚是一名小学老师，和蔼、开朗、热情。在学校时，她是孩子们最尊敬的人，很受学生的敬重和欢迎。一回到家里，她就迫不及待地卸下老师的严肃表情，和十几岁大的女儿玩成一片。她们之间完全没有所谓的代沟，早就成了无话不说的好姐妹、好朋友。

这天是周末，天气非常晴朗。玛利亚要带着克里斯汀和她的朋友特里安妮去参加一个派对。两个小姑娘正处于活泼好动、爱热闹的年龄段，当然对派对充满极大的热情。在她们得知派对上将提供丰富多样的美食时，更是欢喜得在车座位上蹦了起来。

　　玛利亚早就想让女儿好好地玩一天。因此，她没有过多地约束克里斯汀和特里安妮，任由她们在大厅里窜来跑去。

　　派对上有不少和克里斯汀同龄的孩子。她们很快就熟悉了，在一起玩耍、说笑，就仿佛是早已熟悉多年的老朋友一样，这是大人们无法做到的。当然，孩子们也不会落下她们参加派对的重头戏，那就是品类多样、美味可口的食物。大家都尽可能多地往自己的面前堆放，俨然把这个派对当成了食量竞赛。

▲克里斯汀和特里安妮在车后面高兴地吃着薯条

　　大人们对孩子的举动，没有感到一点意外。不远处的玛利亚知道爱吃、爱玩是孩子们的天性，她虽然有些担心女儿，但不想过去打扰女儿和朋友的好心情。

　　到了下午，很多人都陆陆续续地离开，派对结束了。玛利亚决定先把特里安妮送回家，然后再和女儿去超市购物。

　　"你们玩得开心吗？"玛利亚问坐在后排的姑娘们。她发现两个人自从上车后，就一直没有安静下来，还在聊着派对时的见闻。

　　"当然。"克里斯汀简短地回答着妈妈。

　　两个人手舞足蹈，越聊越高兴，还不时开心地笑起来。玛利亚虽然搞不明白她们为何而笑，但听到孩子们的笑声，她的心里就很舒服。这让她想起了自己无忧无虑的童年时光。

▲克里斯汀高兴地说着派对上的事情

▼特里安妮也听得很高兴

距离特里安妮的家还有很长一段距离。两个人还在后排聊着她们自己的话题，玛利亚插不上一句话。

这时，克里斯汀发现了后座上放着的薯条。她随手拿来两袋，和好朋友分享起来。两个人都欢喜地一点点把薯条放进嘴里，这会发出清脆的声音，很有意思。

玩了一会，特里安妮突然咳嗽起来。

玛利亚以为特里安妮被薯条卡住了，但是小姑娘咳嗽了很长时间都没有停下来，并且越咳越急，脸被憋得通红。

此时，玛利亚并没有意识到特里安妮体内产生了过敏反应，并且稍有耽搁，就可能导致致命的伤害。

▶▶▶ 休　克

"我听到了一种非常非常可怕的叫声……是托尼在叫。"玛利亚意识到，刚走进屋子的特里安妮出事了。

察觉到特里安妮的异常，玛利亚想弄清楚是怎么回事。

"你还好吧？"她关切地问。

特里安妮一时无法回答，她渐渐停止了咳嗽，开始很费力地吸气，呼吸似乎有些困难。旁边的克里斯汀被吓坏了，大嚷着问妈妈怎么办。

玛利亚知道特里安妮患有哮喘病，以为是旧病发作了。但当她从后视镜里观察她时，被吓了一跳。她发现特里安妮右手抚摸着胸口，大口地喘着气，脸色也已经不像刚才红润，有些苍白。玛利亚断定，这不是一般的哮喘，因为特里安妮的呼吸非常困难，看上去好像有点喘不过气。

她有些紧张，连忙拨通了特里安妮的母亲托尼的电话，把特里安妮现在的情况详细地描述了一遍。

"没事的。"听完玛利亚的描述，托尼并不怎么紧张。她觉得女儿可能就是哮喘发作了，回家休息一下，再吃点药，就会很快好起来的。

和托尼通完电话后，玛利亚紧绷的心稍微放松了一下。她加快行驶的速度，想尽快把特里安妮送回家里。

克里斯汀在座位上不停地轻抚着特里安妮的后背，试图减轻朋友的痛苦。她边抚摸边安慰特里安妮，特里安妮声音都在颤抖，还带着一点抑制不住地恐惧。

玛利亚发现女孩的情况越来越糟糕，她的头上冒出了一层汗珠，眼睛也睁得越来越大，似乎很快就要窒息

▼特里安妮突然咳嗽起来，脸憋得通红

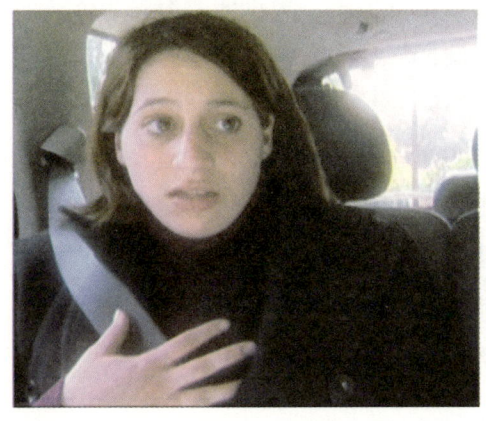

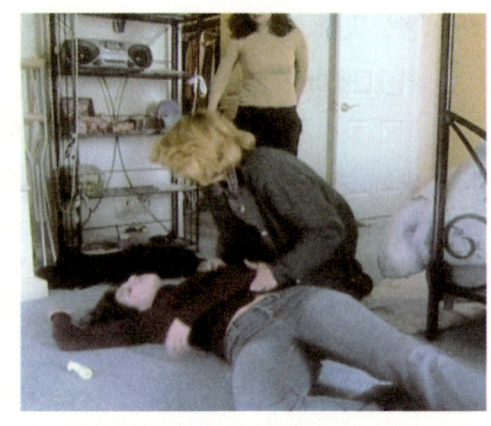

▲这时传来了，特里安妮的妈妈托尼的叫声

▼特里安妮发生了休克，晕倒在地上

了。女儿在后面已经吓得哭了出来，玛利亚的心也揪了起来。

她觉得自己的汽车已经快得不能再快，就像是飞了起来似的。她知道特里安妮现在已经有些危险，需要马上回家服用相关的药物。她在心里默念着，希望这个可爱的女孩能够坚持住。

汽车就像火箭一般疾驰着，终于拐进了特里安妮家门口的马路上。玛利亚把车停在路边，她发现特里安妮的嘴唇已经发青，身体还有些颤抖。

托尼早就等在了门口，她一直焦急得等待着。看到特里安妮下车跑向自己，她急忙迎上去扶住女儿，让她赶快回屋去吃哮喘的药。

玛利亚和女儿也走下车来，想进去看看特里安妮是否有些好转。就在她们转身向屋内走去的时候，听到了里面传出来的尖叫声。

似乎是托尼的叫声。玛利亚飞快地跑进屋子。她发现特里安妮昏倒在地上，她的妹妹无助地看着她。

就在托尼上楼找药的片刻，特里安妮晕了过去，发生了休克。一切都发生得太突然，托尼大声尖叫了起来，一时大家都不知所措。

▶▶▶ 急 救

"我听了一下,她已经没有呼吸了。我把自己的手指硬插进她的嘴里,一直伸到了下颚那儿,然后使劲压,好让她的肌肉放松。"玛利亚在学校时,曾参加过急救培训,关键时刻派上了用场。

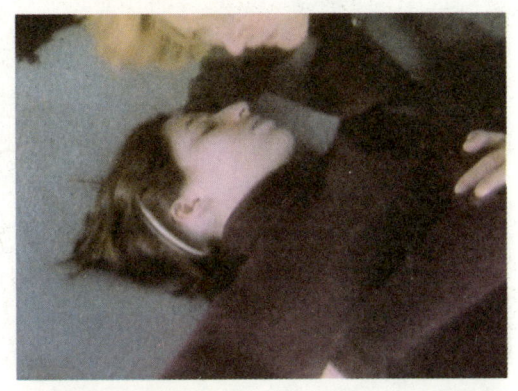

▲特里安妮已经没有了呼吸,连脉搏也没有了

▼玛利亚也开始紧张

愣了几秒钟,玛利亚迅速冷静了下来。她现在非常肯定特里安妮不是哮喘,非常像过敏性休克。这是一种非常严重的过敏反应,甚至会中止身体机能。

玛利亚把斜躺着的特里安妮扶正,又趴在鼻子旁边听了一下,发现她已经没有了呼吸,连脉搏也消失了,就像是死过去了一样。

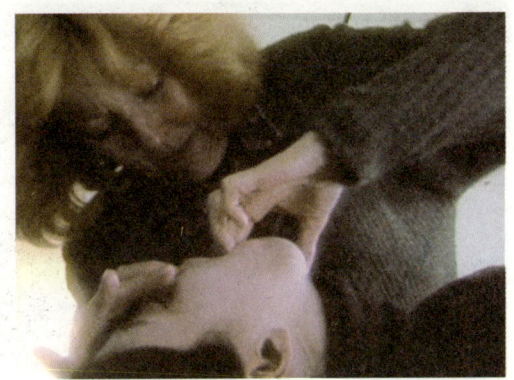

托尼和自己的小女儿围在特里安妮的身旁,情绪有些激动,根本不知道接下来该怎么办,只剩下了轻声地哭泣。

玛利亚已经做了多年教师,具有很强的应急能力。她跪在地上,一只手扶住特里安妮的头,另一只手强行伸进了她的嘴里,一直伸到了下颚那儿,然后使劲往下压,好让她的肌肉放松。

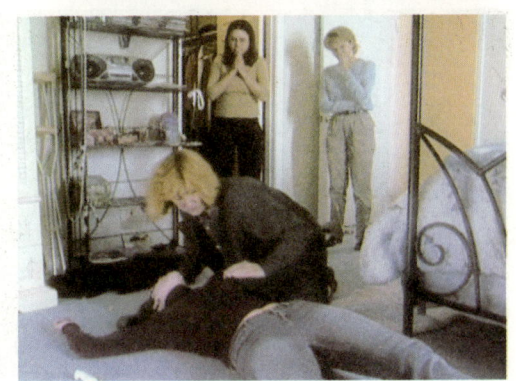

做完这些后,她开始捏住特里安妮的鼻子做人工呼吸。做了几次后,玛利亚又摸了摸她的脉搏,发

▲玛利亚开始按压特里安妮的胸腔,试图让她恢复呼吸

■按压一阵后,给特里安妮做两次人工呼吸

▼尽管毫无效果,玛利亚一直没放弃,一直在按压特里安妮的胸腔

现脉搏还是没有。这让玛利亚有了些紧张。

她立刻开始按压特里安妮的胸腔,以恢复她的心跳。玛利亚一下下按着她的胸腔,边抢救边祈祷。

"哦,老天,千万不要让这个小姑娘就这么死去。"玛利亚默念着。她不想看到这么一个小女孩死在自己的面前。特里安妮和自己的女儿差不多大,经常到家中去玩。现在自己已经喜欢上了这个小姑娘,不愿意看到还没有绽放的生命就这样消逝。

托尼已经从刚开始的紧张、害怕中走了出来。她在玛利亚抢救女儿时,迅速拨打了求救电话。

玛利亚在一刻不停地抢救,给她做两次人工呼吸,接着赶快按压几次她的胸腔,就这样不断重复着。她知道,要想救活这个小女孩,首先要保证她大脑的氧气供应,保证她体内的血液继续流动。

已经抢救了很长时间,特里安妮还没有醒过来,呼吸和脉搏还没有恢复。克里斯汀看到好朋友还躺在地上,不知道还能不能醒过来,吓得哭了起来。托尼的小女儿也很担心姐姐,看到克里斯汀在哭泣,也忍不住跟着哭起来。

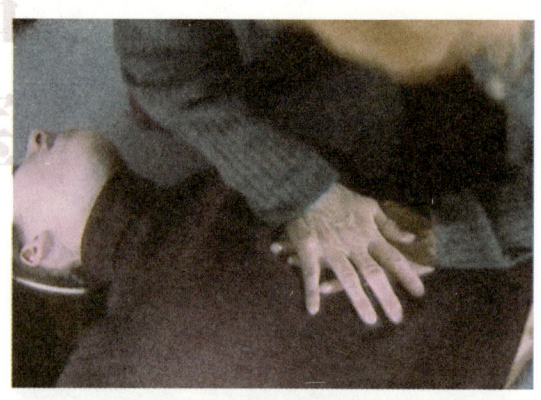

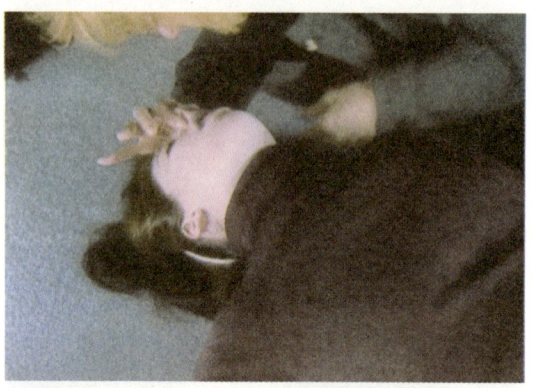

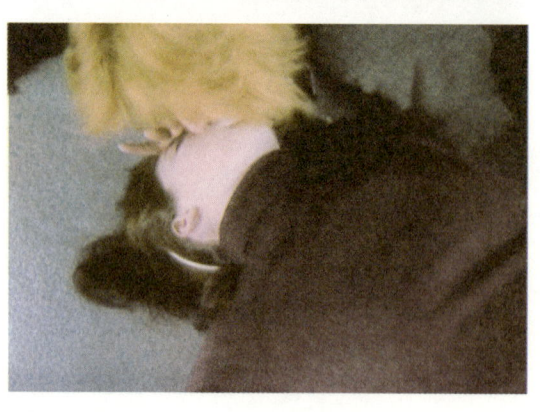

周围孩子们的哭声一片,但玛利亚充耳不闻,她一直在集中精力抢救,根本没有注意到她们的反应。

"醒醒,宝贝!"玛利亚按压着特里安妮的胸腔,还低声呼唤着。她怕自己再也不能坚持,怕自己的情绪也崩溃掉。

任凭她怎么按压,怎么呼唤,特里安妮始终没有任何反应,就仿佛睡过去了一样,一脸平静,特别地安详。

▲ 救护车赶来

▼ 特里安妮被迅速送往了医院

### ▶▶▶ 清 醒

"他们告诉我要做好心理准备。因为即使她苏醒过来,脑神经也可能严重受损。"托尼非常悲伤,不愿意相信医生的诊断。

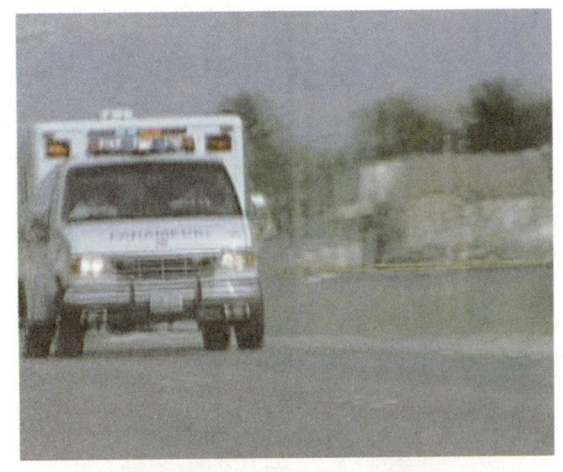

玛利亚坚持着,一刻不停地实施抢救,直到专业的救护人员赶来才停了下来。

急救人员迅速查看了特里安妮的情况,现场采取了一些急救措施,但她还是没有任何变化。随后,她被紧急送到了医院。

医生为特里安妮注射了药物,然后继续给她实施心脏按压,并进行机械性呼吸。急救一直在持续着。

让人揪心的是,特里安妮始终昏迷不醒。

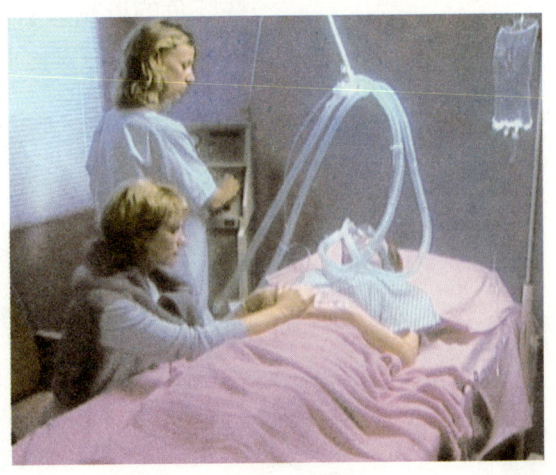

托尼一直在焦急地等待着,她不清楚女儿的情况怎么样,根本不相信女儿会这样离她们而去。

在等待的过程中,医生告诉她,要做好心理准备。因为连他们也不知道特里安妮还能不能醒过来,即使苏醒过来了,脑神经也可能严重受损,导致身体的瘫痪。

这对托尼和家人来说,无疑是个晴天霹雳!

托尼一直呆在病房中,陪着昏迷的女儿。她拉着女儿的手,不停地和女儿说着话。这时,托尼觉得自己有说不完的话要对女儿讲,可惜女儿已经听不见了。她希望自己的这种方式能够唤醒沉睡的女儿。

病房中的医生也在时刻关注着特里安妮的病状,他们已经尽了最大的努力来抢救这个花朵般的女孩,剩下的事情似乎只能听天由命了。

特里安妮已经在病床上躺了接近6个小时。她的嘴上插着呼吸机,手背上插着吊针,输液瓶里的液体一滴一滴地流进她的体内。她却始终一个表情,就像个熟睡中的婴儿。

托尼从医生处得知,特里安妮这次并不是哮喘发作,而是食物过敏反应。她知道女儿对鱼过敏,但只是会出一些红色的斑点,从来没有过这样强烈的反应。并且,在平时的生活中,她也从来不让女儿吃鱼。

◀到医院后,一直给特里安妮进行机械呼吸,没有间断

▶托尼焦急地守在女儿病床前

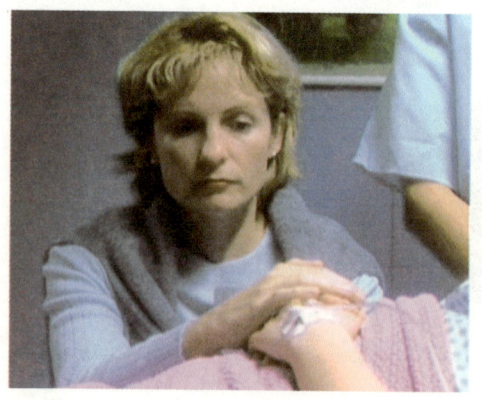
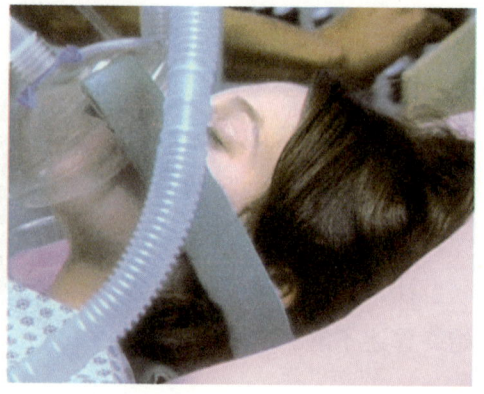

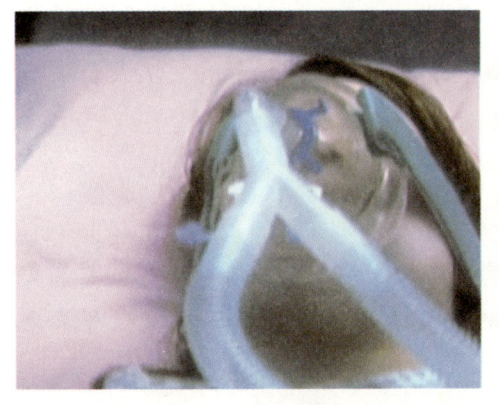
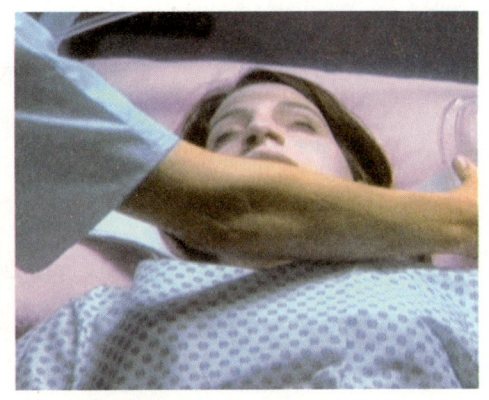

◄►时间一分分过去,医生已经对特里安妮不再抱任何希望

医生们认为,可能是特里安妮吃的法国薯条和餐厅煎锅里的鱼油交叉污染了,所以才会出现过敏性休克。

这时,托尼才恍然大悟。她看着昏迷的女儿,陷入了深深的自责中。其实,玛利亚已经提醒她,特里安妮可能不是哮喘病复发。这一切,都要怪自己太粗心大意。如果她能听从玛利亚的解释,准确认清女儿的症状,特里安妮现在就不会静静地躺在这里。

托尼拉着女儿的手,轻声地哭泣起来。她知道,如果女儿有个三长两短,可能自己将永远活在自责中。

时间一分分过去。医生虽然还在继续对特里安妮进行急救,但已经对她不抱任何希望。长时间没有呼吸和脉搏的后果只有一个,那就是死亡。

医生把这个现实告诉托尼,但她不愿意接受。她握紧女儿的手,如果可以,她宁愿用自己的命换回女儿的命。

已经抢救了9个小时,托尼也开始绝望了。

突然,她感觉女儿的手颤抖了一下,难道这是幻觉?托尼赶紧站起来,趴在女儿头边,她发现女儿有了轻微的呼吸,女儿活过来了。

托尼大声喊来了医生。他们发现特里安妮慢慢睁开了眼睛,她显然不知道自己到底发生了什么。她看到妈妈喜极而泣的表情,于是慢慢环视四周,才发现自己是在病房里。

看到女儿清醒过来，托尼心里悬着的一块大石头一下子就落了地。

### ▶▶▶ 奇　迹

"如果不是玛利亚采取了急救措施，她不可能恢复得这么好。在这件事发生以前，我还不知道玛利亚会急救。"

医生担心特里安妮的神经受损，迅速组织人员对她进行了全身检查，发现她的大脑没有出现永久性损伤。

这真是一个奇迹。医生认为，在长时间高度昏迷的情况下，还能恢复如初，是非常罕见的案例。这只能用幸运和奇迹来形容。

亲人和朋友也为特里安妮高兴，她们特意为她举办了一个派对。克里斯汀还亲手绘制了一幅图画，欢迎好

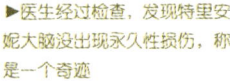
▶医生经过检查，发现特里安妮大脑没出现永久性损伤，称是一个奇迹

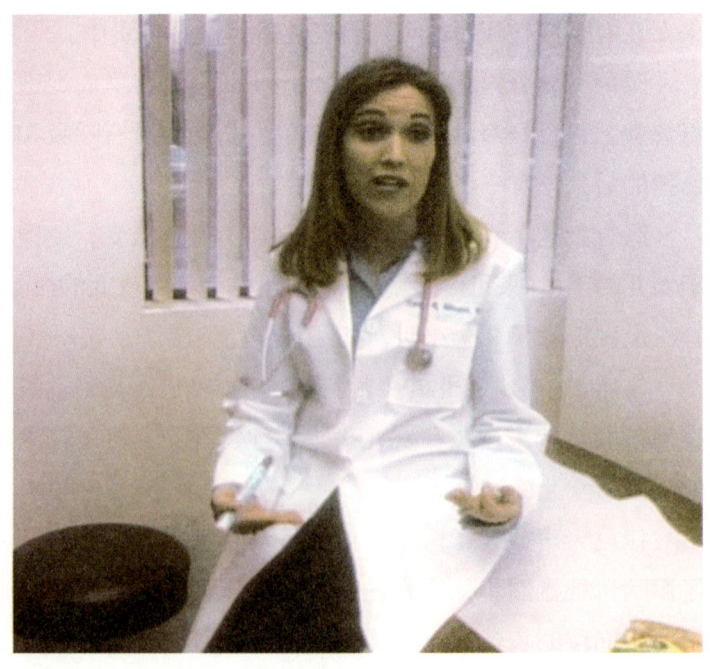

◀▶特里安妮恢复了健康,现在托尼经常请玛利亚和女儿来家里做客

朋友的归来。

托尼知道,玛利亚才是女儿的救命恩人,要不是她及时的施救,自己也许真的就再也见不到活蹦乱跳的女儿了。

"我非常感激……真的非常感激,也非常……非常高兴我救了别人一命。我为自己所做的一切感到骄傲。"玛利亚很高兴自己的救助对特里安妮起到了作用。

女儿慢慢恢复过来后,托尼特意邀请玛利亚和克里斯汀来家中做客,以表达对她们的感激。席间,玛利亚看到特里安妮又变回了那个活泼好动的女孩,由衷为她高兴。

大家都希望,幸运能够一直陪伴这个女孩以后的人生。

 如何应对?

过敏反应是一种可以避免的症状。平时认清过敏的类型,尽量不要接触过敏原,就可以减少反应的发生次数,把危险降到最低。如果你也和特里安妮一样不幸,

**不妨试试下面的一些方法：**

**A. 过敏突发，你该如何应对？**

a. 如果孩子有过敏反应，要沉着冷静，尽可能了解清楚状况。当然，也要让孩子保持冷静，阻止他们乱跑，以免呼吸更困难。

b. 迅速排查可能引起反应的过敏原，弄清楚是食物过敏还是药物过敏，或者其他类型，让患者远离过敏原，然后对症下药。

c. 有过敏反应的人应该一直带着药品。准备一些抗过敏的针剂，例如自动注射器，你可以到医生那里去开方子。出现过敏反应时，只需把注射器后盖打开，然后把针头插进大腿里，哪怕穿破裤子也没问题。注射进去的药是一种肾上腺素，有助于治疗过敏症。

**B. 昏迷休克，你该如何应对？**

a. 抢救过敏性休克患者必须迅速及时。正如文中特里安妮所遇到的那样，哮喘和过敏休克的症状很相似。刚开始时都是喘息和呼吸困难。但是过敏患者的病情会在几分钟内迅速恶化，出现窒息或心跳停止的情况，因此抢救要分秒必争。

b. 重视就地治疗。发现患者休克后，要让其平躺，注意保温。然后，迅速进行急救，在患者未脱离危险前不宜搬动。还要密切观察患者的体温、脉搏、呼吸、血压及瞳孔变化。及时调整急救策略。

c. 如果出现呼吸停止时，应立即进行口对口人工呼吸，条件允许时可准备插入气管导管控制呼吸，或借助人工呼吸机被动呼吸。脉搏消失后，要迅速进行心脏按摩术或胸腔按压术。必要时，还要配合药物治疗。

　　d.进行必需的急救训练。特里安妮及时获救了，在这个事故中，最重要的因素就是玛利亚受过急救训练。如果你不懂急救，可以到当地的红十字会或者消防部门学习。

　　f.在就地抢救的同时，要积极寻求医疗救助。毕竟你不是专业的救援人员，不可能具备全面的救助知识，身边也没有必须的急救设备或药物。

**C.避免过敏，你该如何应对？**

　　a.不要接触过敏原。以食品过敏为例，最简单、最有效的方法就是避免再次食用该食物。假如你怀疑某种食物引起过敏，最好是在发生过敏现象之后再尝试1、2次，以确认过敏元凶。只要以后不再吃就不会再引起过敏。

　　b.摄取足量的维生素C。有报告认为维生素C不足的人，特别容易发生过敏症。这可能是因为维生素C可以协助人体组织的完整性，使过敏原不易侵入体内，诱发过敏。

　　c.对药物过敏患者而言，要注意药物的保存，不要乱用药物。过敏体质的患者由于自身的敏感性，用药时易发生过敏反应，这类患者要注意用药后的自身变化，有过敏征兆时，要及时就医。

 你知道吗？

**如何治疗毒藤带来的皮肤过敏？**

　　你知道吗？身上奇痒，得了皮疹，或者皮肤发热，这些都是皮肤过敏的症状。如果你是一名野外活动爱好者，那么极有可能是招惹了毒藤？你要怎么样才能治疗毒藤所带来的皮肤过敏呢？

# 惊魂蹦极

> **引言**
> 你和朋友去玩高空蹦极。绳索突然变成了致命的套索。你想尽办法都无法解开。你的意识越来越模糊。生命岌岌可危。遇到这种情况,你该如何应对?

极限运动,比如蹦极,对年轻人而言,总是充满了诱惑力。任何尝试过蹦极的人都觉得这是对人体的一次极限挑战。但是,从100多米的高空自由坠落,稍有不慎,挑战之旅就可能变成死亡之途。美国的马卢就有一次深切的体验。他在蹦极时被绳索缠住了脖子,不省人事……

▶▶▶ 蹦 极

"我一直很想玩蹦极,我觉得那就像高空跳伞一样。"马卢是一个十足的极限运动爱好者,他尤其喜欢蹦极,但却一直没有机会亲身体验。

马卢和弗农是一对要好的朋友,和很多年轻人一样,两人都喜欢极限运动。野外攀岩、极限

▶弗农首先体验蹦极

漂流、高山滑翔……都曾经出现在他们的体验计划中。他们喜欢极限运动所带来的紧张、刺激以及自我挑战的满足感。

每个假期，他们都会早早安排好活动的相关事项，并且在条件允许时，还会联系专业的拍摄人员为他们拍摄。这样，既可以为他们留作纪念，又可以在朋友中炫耀，以显示自己的勇敢。这时，年轻人的虚荣心会得到极大的满足。

这个暑假，马卢和弗农计划去拉斯维加斯，尝试从来没有玩过的蹦极。他们之前也在网上或报纸上了解了有关蹦极的一些信息，知道这是一项勇敢者的游戏，早就想亲身体验，却一直没有时间。

夏日的太阳，炎热无比，似乎就要把人烤焦，这并没有阻挡他们的热情。蹦极场所门口播放的动感音乐，更是让他们热血沸腾，恨不得一下子就飞到蹦极台上去，立刻投身于这刺激的活动中。

工作人员先给弗农系好绳索。他做好准备工作，低头向地面看去，停车场的汽车就如同儿时的玩具，行人也只是一个移动的黑点，一切都变得非常渺小。毕竟是100多米的高度，这让他感觉有点儿害怕，当然还有一些惊奇。看了一眼旁边的马卢，他知道，马卢都没有退缩，自己怎么能示弱呢？

弗农再也没有犹豫，张开双臂飞了下去。降落的速度非常快，可以明显地感受到耳边呼呼的风声。他觉得自己就像超人一样，任意在

▼由于没玩尽兴，马卢决定再来一次

▲弗农跳下去以后，感觉像飞一样，很刺激

■弗农在空中变幻着姿势

▼弗农还在演示着自己的惊险动作

空中飞翔，可以看见面前的任何东西。还在继续降落着，他很担心自己的头会撞到下面的游泳池，就在即将碰到的一瞬间，他又被富有弹性的绳索拉了回来。真是太刺激了！

整个过程非常完美。弗农尽情地变换着各种姿势，俯冲、翻转，他玩得非常高兴。当然，他们联系的拍摄人员记录下了这一切。

看到弗农的表演，蹦极台上的马卢已经等得不耐烦了。等弗农上来后，他迫不及待地要求工作人员帮他整理好绳索。跳下去之前，他还不忘对准镜头，做了个调皮的鬼脸，这是他一贯的作风。

马卢在急速地下降，他感觉就像是高空跳伞一样，但比跳伞的速度快，因此也更加刺激。跳下去，又迅速弹回来，这样反反复复，让他感受到了一种前所未有的快乐，是那种非常单纯的快乐，甚至无法用言语来表达。马卢闭上眼睛，慢慢体会着。让他遗憾的是，还没有细细品味，活动就结束了。

他意犹未尽地回到了蹦极台。

▶▶▶ 套 住

"绳索突然构成了一个圆环，而我的头部正好被套在了里面，就像这样，绳索缠住了我的脖子。"在第二次尝试时，马卢遭遇了意想不到的劫难。

愉快的时间总是过得飞快。马卢和弗农都觉得这次蹦极还没有尽兴，就已经结束了。两个人在蹦极台上眉飞色舞地比划着，交流着各自的感受。越说越兴奋，尤其是马卢，他觉得这是以前从没有体会过的快乐旅程。

因为第一次蹦极的感觉太好了，马卢决定再来一次。当然，好朋友弗农虽然自己有些胆怯，却也非常赞同他的决定。

马卢再次站在了蹦极台边缘，和工作人员进行了短暂的沟通。他们建议马卢背对着向下跳，这样冲力会更大，感觉会更刺激。

这次，马卢采取了他们的建议。没等他们做完倒数计时，他就已经跳下去了。

这种感觉太奇妙了，与第一次的完全不同。他就像是失足跌进了万丈深渊，对身后的情况毫不知情，接下来的一切全是未知。全身的血似乎都要沸腾，一股脑儿地全涌上了头部，冲击着他兴奋的神经。他看到了上面的平台，甚至担心会不会在弹回来时磕到自己。

马卢尽情地飞翔着，想象着，在坠落了大约 52 米后，

▶马卢准备好后，就从高台上跳了下去

◀这次跳的非常刺激，但是马卢还没体会够，就结束了

开始第一次回弹。他不会想到，等待自己的将是致命的劫难。

回弹时，紧绷的绳索松了下来。出人意料的是，它突然构成了一个圆环，而马卢的头部正好被套在了里面，绳索缠住了他的脖子。

这里从来没有发生过这种事情。看台上的弗农和工作人员也并没有发现马卢的遭遇，他们仍觉得马卢玩得非常高兴。

在下降的过程中，绳索不断拉紧，套在马卢脖子上的圆环也越来越紧。他被吓坏了，担心自己会被吊死在这里。于是，他身体拼命地挣扎，努力想把绳索从脖子上解开。但是，这显然不是一件容易的事情。蹦极用的绳索非常粗，就好像是1000根橡胶绳缠在一起似的。即使是静止时都不好解开，更别说是在上下弹跳着的了。

有好几次，马卢已经把绳子推到了嘴边，他使尽力气用嘴咬住绳索，觉得自己就要成功了。但随着不断的下降，绳索又重新套在了脖子上。来回的摩擦，把他的嘴都磨破了，火辣辣的疼，口里也满是鲜血。

此时，弗农也发现了马卢的异常，觉得马卢不像

◀ 这次跳下来，他觉得自己像掉进了万丈深渊，刺激极了

▶ 突然绳索构成了一个环，套住了马卢的脖子

是在享受，倒像是在拼命挣扎。这让他很担心。他仔细观察了一下，才发现是绳索套住了马卢的脖子。也许在回弹时绳索会慢慢解开，他觉得马卢并没有太大的危险。

事情真会按照弗农的想象发展吗？

▶▶▶ 窒　息

"每回弹一次，绳索就会勒得越来越紧，我只能用力向外挣扎。渐渐的，我的意识开始模糊，所有的一切也好像全都消失了。"马卢觉得呼吸越来越困难，仿佛自己会在瞬间毙命一样。

绳索再次回弹上来了，马卢觉得这是自己脱离危险的一次绝好机会。他双手紧紧地抓住绳索，使劲往身体两边拉扯，试图把套在脖子上的那部分拉松，让索套变大，这样自己的头就可以从绳子里钻出来了。但是，由于身体在不停地移动，再加上害怕，他的双手不住地颤抖，似乎有些不听使唤，有几次还从绳索上脱落了下来。

最让马卢忍受不了的就是回弹后的下降过程。每降低一些，脖子上的绳索也随着变紧一些，他的呼吸也就越来越困难。他把两根手指头插到绳索和皮肤之间，以

减轻绳子对脖子的束缚,这多少起了一点作用。

蹦极台上的弗农看到好朋友还没有从绳索中解脱出来,不免有些担心。当马卢第三次回弹上来的时候,他发现马卢的脖子已经被完全套住了,双手在胡乱地摆动,似乎对此也无能为力。他觉得此刻的马卢就像是破碎的玩偶一样,被弹上弹下,却没有一点反抗的余力。

"马卢,抓住绳索!"弗农不知道如何帮助朋友,只能在上面大声提示,希望能帮助到他。

绳索弹起来,又降下去。马卢觉得自己的处境越发艰难,蹦极的乐趣早已荡然无存,取而代之的是无尽的痛苦。他觉得自己悬在半空,就像是在被实施可怕的绞刑,正一步步走向死亡。

他听到弗农在喊他的名字,知道朋友正在担心自己,这让他更加难过。他想平安回到蹦极台上去,和朋友继续体验人生的美好。但不知道这是不是已经是一种妄想。

除了弗农的声音,他还听到许多人的叫喊声,既有担心的尖叫,也有对他的指导,甚至还有人让他把膝盖抬起来。但是,一切都发生得太突然了,他根本就来不及考虑他们的话,他觉得自己的脑子已经停止了运作。一方面是因为惊吓,另一方面是因为一直倒悬着,头已经有些眩晕了。

每回弹一次,绳索就会勒得越紧,马卢只能用力向外挣扎。

看到马卢还在挣扎,弗农的心都提到了嗓子眼。他担心到了极点,甚至已经想到了各种可能的后果,比如停止呼吸,脑死亡。如果1分半钟不呼吸,他觉得马卢可能就会出现脑死亡。

▼马卢开始来来回回地挣扎,却越来越紧,最后意识模糊了

一想到这些,他就觉得全身发冷,害怕失去自己的好朋友。他和马卢已经认识了多年,一起参加极限运动也有几年时间了,留下了让他非常难忘的记忆。他觉得他们以后的路还很长,要去尝试的活动还有很多。

本来两个人是兴高采烈出来的,现在却可能从此分别,人鬼殊途!这是非常残忍的!弗农非常懊悔刚才自己的表现,如果当时自己制止了马卢的第二次尝试,也许就不会出现现在的劫难。

绳索上的马卢已经记不清楚上下弹跳了多少次。他只觉得自己已经筋疲力尽,双手已经没有力气拉动脖子上的绳索,呼吸也越来越困难。他感

到绳索摩擦着喉结,有一种说不出的疼痛感,似乎很快就要窒息了。

渐渐的,他的意识开始模糊,上面的平台和地面上的物体也都模糊起来,所有的一切好像全都消失了。

这已经是马卢被套住后的第五次回弹,他浑身颤抖着,很快就昏迷了过去。他挂在绳子上,不省人事,根本不知道周围接下来会发生什么。

### ▶▶▶ 抢 救

"当我躺在救护车里的时候,我最害怕的并不是死亡,而是瘫痪,这是我最不愿面对的事情。"马卢知道,虽然醒了过来,但也许还有更糟糕的后果在等着自己。

连接弹跳了几次,马卢耗尽了身上的所有力量,他现在就像是个稻草人一样,软软地挂在绳子上。对他而言,世界已经一片寂静。

弗农在第一时间察觉到了朋友的状况。他看到马卢再也不像刚才那般挣扎,就像是昏死了,手臂已经垂了下来,耷拉在大腿后侧。自己担心的事情还是发生了,他一时紧张得手足无措。

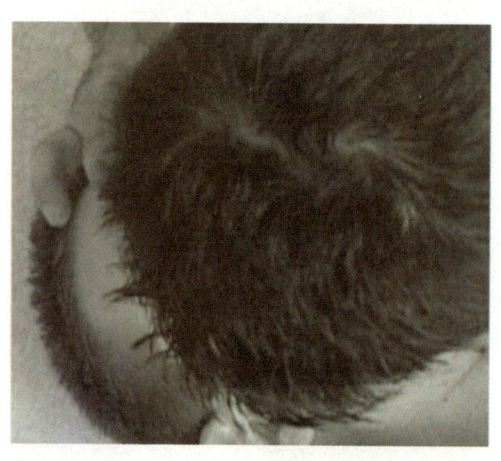
▼弗农在给马卢进行人工呼吸

看到这种情况,现场的所有人也都完全惊呆了。这个蹦极场所已经开放五六年,这好像是他们第一次看到这样的意外,第一次看到有人被绳索套住。

情况紧急,容不得他们半点犹豫。摄像人员停止录像,工作人员设法抓住绳子。大家齐心协力把马卢拉了上来,缓慢地放在平台上。

弗农蹲下来,他发现马卢的脸色发灰,呼吸已经停止,但幸好还有脉搏。把蹦极的绳索慢慢解下来,他看到马卢的脖子上有一道深红色的勒痕,表层的皮肤明显磨破了,渗出的鲜血把绳子都染红了。

他担心马卢很可能会这样长睡不醒,于是决定立刻对他实施人工呼吸。他左手捏住马卢的鼻子,右手托起下巴。每吹进去一口气,就停下来,松开左手,查看马卢的呼吸状况。但是,这个动作重复了很长一段时间,马卢依然没有丝毫变化。这让弗农非常焦急。

"求求你,快醒过来吧!马卢,求求你!"弗农在心中默念着,祈祷着,希望自己的好朋友能够尽快睁开眼睛。

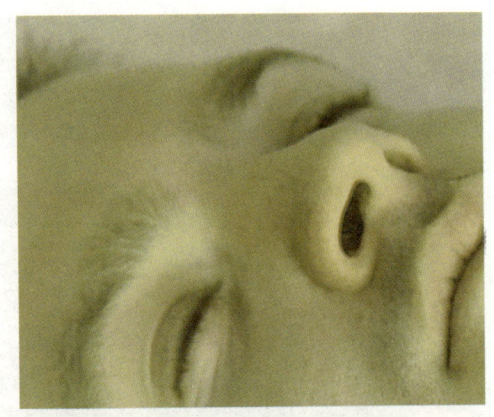

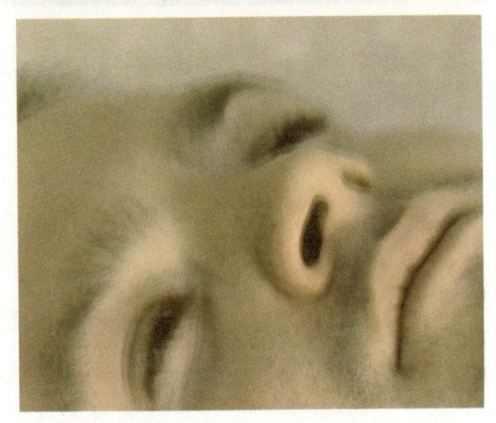

▲经过抢救后,马卢仍然人事不省

就在弗农尽力抢救的时候,旁边的工作人员也迅速拨打了紧急求救电话。

弗农还在一刻不停地做着人工呼吸,他不会就这样放弃,他坚信朋友一定会醒过来,因为他们还有很多未完成的计划。

也许真的应了那句:贵在坚持。弗农的努力终于得到了回报,他发现马卢慢慢睁开了眼睛,也有了微弱的呼吸。他心里非常激动,但还是有一些担心。

马卢现在还不能说话,而且头昏眼花。他的意识也还没有完全恢复,似乎还没弄清楚自己到底是在什么地方。弗农和他说话时,他的反应也有些缓慢。弗农知道,

▲救护车总算来了，马卢被送往医院

事情并没有结束，好朋友还没有脱离危险。

救护车赶了过来，马卢被迅速送往附近的医院。

在去医院的路上，马卢恢复了意识。弗农坐在他的旁边，不住地安慰他，开导他。他觉得自己现在最害怕的倒不是死亡，而是大脑长时间缺氧所导致的瘫痪。一旦瘫痪，就意味着永远告别了自己喜欢的运动和追求。这是他最不愿意面对的事情。

医生详细检查了马卢的伤势，并没有发现大脑或身体有任何异常，只给他的脖子进行了包扎。

除了脖子的勒伤外，马卢几乎毫发未损，他很快就和弗农回家了。

他真的是太幸运了！

### ▶▶▶ 成　熟

"这次经历对我影响很大。我经常梦见自己被绳索套住了脖子。"显然，这次经历给马卢留下了一定的心理阴影。

事情已经过去了很长时间，再提起来时，马卢还能清晰地记得自己当时的紧张和害怕，还有无能为力时的绝望。摄像人员拍下了他当时的录像，他现在拿出来观看时，还有一种窒息的感觉。

在回家后的一段时间里，他经常会做同样的噩梦，梦见自己被绳索套住了脖子，无法挣脱，这种异样的感觉让他有些郁闷。经过一段时间的调整，他才慢慢从恐惧的心理阴影中走出来。

他非常感谢好朋友弗农，多亏他及时的抢救，自己才会从死亡的边缘逃离。经过这次劫难，他们的友情更加牢固，已经成为了共患难的兄弟。

朋友们都觉得马卢再也不会参加诸如蹦极之类的极限运动。不过马卢的回答出乎大家的意料。他表示，自己还会和弗农继续将运动进行下去。这次经历也让他从中学到了很多，其中最重要的就是尊重生命，珍爱生命，不要让爱自己的亲人和朋友担心。他觉得自己已经慢慢成熟。

▼脖子被绳索套住后，一定要保持冷静，如果人已经停止呼吸，要马上把绳索解开急救

## 如何应对？

在体验极限运动带来的紧张刺激的同时，也要注意其可能带来的危险。如果你不幸和马卢一样，在运动中遇险，不妨试试以下方法：

**A.被绳套住，你该如何应对？**

a.保持冷静。不幸被绳索套住了脖子，很可能带来致命的危险，比如窒息、脑死亡。这时，一定要保持冷静，迅速察看被套住的情况，如绳索的松紧，积极寻找脱险的方法。过分恐惧或紧张，反而会更快

地把你推向死亡。

b.最好的方法就是尽快把绳子解开。如果不行，可用双手使劲拉扯绳索，或者直接把手指头放在绳套里面，避免绳子结结实实地勒在脖子上。即使是手或脖子已经被绳子磨破，也不要把手拿出来，一定要坚持住，因为磨破所带来的伤害远没有窒息可怕。

c.如果发现别人被绳子套住，也应该立即采取行动，如果他还在呼吸，那太好了，让绳子保持原样；如果他已经停止呼吸，你就需要马上解开绳索。注意，膝盖要压在绳索上边，这样可以留出缝隙，不要把他的身体往下拉。接下来，你需要迅速将绳索切断。最后再做进一步的抢救。

### B.窒息昏迷，你该如何应对？

a.迅速进行人工呼吸。马卢停止呼吸后，朋友对他进行的人工呼吸非常及时和正确，才增加了他生还的机率。做人工呼吸时要注意，每吹完一口气，一定要松开捏在鼻子上的手，及时察看窒息者的呼吸状况。

b.要坚持抢救。窒息是一种比较难解决的症状，可能已经抢救了十几分钟或者几十分钟，伤者还没有任何反应。这时，一定要坚持，只要有一丝生还的希望，就要付出百分之百的努力，争取把生命从死神手里夺回来。

c.即使窒息者已经恢复呼吸，也不要掉以轻心，应该送到就近的医疗机构进行专业的治疗。因为窒息导致大脑缺氧，可能会损坏神经，造成身体的瘫痪，就像马卢所担心的那样。及早去医院进行治疗，就可以把危险降到最低。

**C.避免危险，你该如何应对？**

a.如果你或者你的朋友决定去尝试极限运动，要相信你的本能反应。感觉不舒服时，比如身体因连续多次蹦极已经劳累不堪，最好放弃尝试。记住，保证安全才是最重要的。

b.保证头脑的清醒。饮酒后不要参加蹦极活动。酒精不仅会损害你的判断力，还会使你急于冒险，并且不太在意安全措施。当然，吃药后也最好不要尝试。药品中的一些成分会让你头晕或产生其他幻觉，这在运动时也是非常危险的。

c.进行蹦极等活动时，一定要选择正规的场所，避免人为失误。世界上第一个死于蹦极的男孩就是人为原因造成的。当时由于工作人员刚刚吸食了大麻，迷迷糊糊中竟然把本应当绑在了蹦极者身上的绳子套在了一颗钉子上，结果造成他从跳塔上自由坠下，当场摔死。所以，选择管理严格、操作规范的场所非常重要，毕竟你不能拿自己的生命开玩笑。

d.天气状况也很重要。如果风力很大，会影响你弹跳的方向，带来不安全因素。如果正在下雨，或最近一段时间经常下雨，绳子可能受潮，也会造成安全隐患。另外，绳子还会受阳光暴晒的影响。因此，如果要进行蹦极活动，最好选择在阳光灿烂的早晨，在绳子完全处于阳光暴晒和高温之前。

# 完全解答

## 1. "生命三角"理论。

所谓"生命三角",就是一个不规则三角形空间。建筑物倒塌,坠落物撞击到冰箱、床、桌子等家具,使得靠近它们的地方留下一个空间,这就是"生命三角"。通俗来讲,就是大块倒塌物与支撑物形成的空间。支撑物越大、越坚固,它被挤压的余地就越小,而周围留下的空间就越大,这个空间的人免于受伤的可能性就越大。室内易于形成三角空间的地方有:沙发、橱柜、床、冰箱等大件家具附近;内墙墙根、墙角;厨房、厕所、储物间等开间小而且不易塌落的地方。

统计发现,躲在床底下、沙发、桌子底下的80%以上丧生,而躲在旁边"生命三角"区内的人大多数能够幸存。当然,躲在"生命三角"空间内,不是简单的蹲倒或卧倒,而是尽可能得缩成一团,让自己的身体呈最小的面积,就像小猫睡觉时蜷缩的姿势。这样才能最大限度避免被砸的危险。

其实不只是室内,室外也存在"生命三角"。比如汽车、摩托车等大件、牢固的物体,在地震时,旁边都会形成三角空间。这都可能让人得以逃生。

## 2. 怎样才能正确救助落入冰窟的人呢?

经常在电视或其他媒体上看到冰天雪地里,在冰层上行走的人。不是所有冰层都能承受人体的重量。只有厚度在15厘米以上的冰层才能支撑人行走,而冰必须在持续一周处于零下4度以下低温时才能达到这个标准。

发现有人落入冰层,千万不要试图到冰上去抢救。冰层无法承受他的重量,自然也无法承受你的重量。这不是表现"英雄主

义"的时候。如果盲目施救,只会让你也陷入困境。这时,要迅速拨打警方的求助电话。在等待救援的过程中,你可以寻找漂浮物,汽车的备用胎就很管用。把轮胎扔给落水者,以保证他浮在水面上。

落水者被救起之后,不要站起来,要爬到岸边,这样可以分散身体重量,避免冰层再次破裂。上岸后,切记不要立即喝热水,这可能导致全身出血,带来更大的伤害。最好脱掉身上的衣服,裹上毯子,喝点温热饮料,让体温慢慢恢复。

完全解答

### 3.怎样正确地处理烧伤?

很多人都会根据一些经验来处理烧伤,这是不准确的。不慎烧伤后,千万不要涂抹黄油之类的油脂物质,这样会导致热量难以散发。将鸡蛋清或牙膏涂在伤口上也没有任何效果,反而会吸附大量污垢,从而引发伤口感染。另外,不要使用特别凉的水或冰敷,这会导致伤口周围的温度骤然下降,将严重伤害皮肤。

对于一度烧伤也就是简单烧伤,正确的方法是,用一般冷水或室温状态下的水冲洗烧伤处,或者将烧伤处浸在碗中或者水槽里,或者用湿布敷在伤口处,然后涂上紫草油或烫伤膏。二度烧伤出现水泡后,可先用温开水冲洗,去掉烧伤处的污物,较大的水泡可用消过毒的针刺破或用注射器抽去泡内液体,然后用酒精消毒,再盖上一层凡士林纱布,用涂有烧伤药膏的纱布包扎。这些都可以在现场或家中完成。如果是三度烧伤,局部出现焦痂,在现场做简单处理后,应立即到医院治疗,以免延误病情。

### 4. 怎样才能减少自己被电流击中的危险？

金属有良好的导电性，一旦遇到雷击，电流将通过这些物体传导到你身上。此外，雷击后，金属会变的很炽热，严重灼伤人的皮肤。所以，无论在室内还是室外，发生雷电时，都不要触摸金属物体，比如水龙头、淋浴喷头或是钓鱼杆、雨伞等。如果你身上佩戴着金属类的物品或饰品，如手表、结婚戒指或者耳环，要立即摘下来，放在5米远的地方。

同时，还要避免使用连接陆上通讯线的设备，如电话机或电脑。如果闪电击中电源线，它可以直接通过电线传到人体。

### 5. 怎样保护自己的胎儿在车中不受伤害？

要保护好你的宝贝，可以使用汽车夹子，它能够增强儿童安全车座的稳固性。这个夹子呈H形，可以固定安全带和肩带，防止车座移动，避免因为移动带给孩子的危险。这个夹子通常是随车座赠送的，你如果没有，可以联系出售车座的商店，还可以给相关商店写信，花大约三美元购买一个。

你还可以使用新型的孕妇安全带，它有助于降低膝盖的位置，防止勒到腹部。使用时，应该尽量向后坐，尽可能远离气囊。调整方向盘的位置，使它对着你的胸部。

另外，不要忘了人类最要好的朋友——狗。只要听到车钥匙的声音，大多数狗都会做好跳进汽车的准备，但是不要让它们自由活动，它们可能会造成意想不到的交通事故，给你和孩子带来伤害。

### 6. 怎样避免孩子遭受电流的袭击？

你知道吗？年幼无知的孩子

经常会遭到电流的伤害。很多时候，他们并没有直接接触到电流，都是通过导体传播的，比如通过手中的玩具。有一些玩具看上去毫无伤害，但是碰到电线却非常危险。你要怎样才能避免孩子遭受电流的袭击呢？

千万不要在电线周围放风筝，特别是高压线周围。如果带有金属纤维的风筝缠在电线上，即使很容易够到，也不要去拿或用竹竿之类的东西去碰它，这很可能会触电。孩子很喜欢风筝，你最好再买一个，没必要冒着触电的危险把风筝取下来，否则后果可能会不堪设想。

很多孩子都喜欢拿着气球在外面跑来跑去，如果正好到了电线下面，将是非常危险的。尤其是聚脂薄膜气球，它的外面闪光的镀银涂层是优良的导电体。如果孩子的气球接触到了电线，电流将以光速沿着带子进入孩子的手，然后从脚出去。所以请确保你的孩子远离电线。

完全解答

## 7.怎么样治疗毒藤所带来的皮肤过敏？

毒藤在野外很常见。它分泌一种能引起免疫球蛋白失常的毒油。第一次接触毒藤的时候反应一般不是很明显，但是如果再次接触，往往会产生灾难性的反应：皮肤红肿奇痒，起水泡等。

有些药膏和护肤膏可以预防毒藤，除臭剂就有这样的功效。毒藤对除臭剂中一种叫氢氧化铝的成分非常排斥。不管什么时候去野营或徒步旅行，把除臭剂涂在胳膊和腿部外露的部分，这将起到非常好的保护作用。

如果已经接触毒藤患上了皮疹，可以采取如下两项措施，缓解病症。一是用含有"去油剂"成分的洗洁剂清洗起了疹子的皮肤。如果清洗及时，去油剂就会分解沾在你皮肤上的毒藤中的油性成分。如果皮疹继续恶化，还可以用冷冻的全脂牛奶冷敷，其中的脂肪能使皮疹脱水，缓解瘙痒。

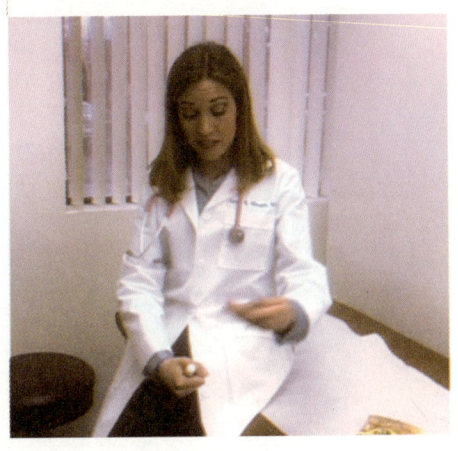

# Earthquake is coming !

【出品人】
傅伟中

【出版策划】
熊侃　凌立　林燕　贺鹏飞

【主编】
贺鹏飞

【执行主编】
王连华

【责任编辑】
洪晓梅

【文图编辑】
彭月兰

【文字撰稿】
宋玉娇

【特约编校】
张兆生

【装帧设计】
Metis 灵动视线
010-85983452

【美术编辑】
张立波

【图片提供】
北京大陆桥文化传媒
Imagemore

【网络书店】
http://www.pfylbook.cn

【网上商城】
好书网
www.haoshuwang.cn